Mohammed Lahlou
Nacef Tazi
Mohamed El Ghorba

Migration vers la Maintenance Conditionnelle dans un Laminoir

Mohammed Lahlou
Nacef Tazi
Mohamed El Ghorba

Migration vers la Maintenance Conditionnelle dans un Laminoir

Éditions universitaires européennes

Impressum / Mentions légales

Bibliografische Information der Deutschen Nationalbibliothek: Die Deutsche Nationalbibliothek verzeichnet diese Publikation in der Deutschen Nationalbibliografie; detaillierte bibliografische Daten sind im Internet über http://dnb.d-nb.de abrufbar.
Alle in diesem Buch genannten Marken und Produktnamen unterliegen warenzeichen-, marken- oder patentrechtlichem Schutz bzw. sind Warenzeichen oder eingetragene Warenzeichen der jeweiligen Inhaber. Die Wiedergabe von Marken, Produktnamen, Gebrauchsnamen, Handelsnamen, Warenbezeichnungen u.s.w. in diesem Werk berechtigt auch ohne besondere Kennzeichnung nicht zu der Annahme, dass solche Namen im Sinne der Warenzeichen- und Markenschutzgesetzgebung als frei zu betrachten wären und daher von jedermann benutzt werden dürften.

Information bibliographique publiée par la Deutsche Nationalbibliothek: La Deutsche Nationalbibliothek inscrit cette publication à la Deutsche Nationalbibliografie; des données bibliographiques détaillées sont disponibles sur internet à l'adresse http://dnb.d-nb.de.
Toutes marques et noms de produits mentionnés dans ce livre demeurent sous la protection des marques, des marques déposées et des brevets, et sont des marques ou des marques déposées de leurs détenteurs respectifs. L'utilisation des marques, noms de produits, noms communs, noms commerciaux, descriptions de produits, etc, même sans qu'ils soient mentionnés de façon particulière dans ce livre ne signifie en aucune façon que ces noms peuvent être utilisés sans restriction à l'égard de la législation pour la protection des marques et des marques déposées et pourraient donc être utilisés par quiconque.

Coverbild / Photo de couverture: www.ingimage.com

Verlag / Editeur:
Éditions universitaires européennes
ist ein Imprint der / est une marque déposée de
OmniScriptum GmbH & Co. KG
Heinrich-Böcking-Str. 6-8, 66121 Saarbrücken, Deutschland / Allemagne
Email: info@editions-ue.com

Herstellung: siehe letzte Seite /
Impression: voir la dernière page
ISBN: 978-3-8417-4518-7

Copyright / Droit d'auteur © 2015 OmniScriptum GmbH & Co. KG
Alle Rechte vorbehalten. / Tous droits réservés. Saarbrücken 2015

SOMMAIRE

CHAPITRE 1 : PRESENTATION DE L'ENTREPRISE

CHAPITRE 2 : AMENAGEMENT DE L'ATELIER MECANIQUE

CHAPITRE 3 : ETUDE CRITIQUE DE LA FONCTION MAINTENANCE

CHAPITRE 4 : IMPLANTATION DE LA MAINTENANCE CONDITIONNELLE

4

CHPITRE 5 : TABLEAU DE BORD

AVANT PROPOS

L'abandon progressif par l'industrie marocaine et internationale de politique de maintenance purement correctives, fondées sur l'acte de dépannage et de réparation, pour des politiques de maintenance préventive, a engendré des besoins nouveaux de connaissance portant sur la planification et la préparation du travail ainsi que le suivi du budget maintenance.

Mais déjà les entreprises les plus avancées mettent en place, pour les installations ou machines stratégiques, des politiques de maintenance conditionnelle ; l'intervention est conditionnée non plus par un échéancier mais par la mesure d'un paramètre de fonctionnement représentatif de l'usure ou de la dégradation de différents composants.

Les techniques de maintenance conditionnelle sont nombreuses (analyse de vibrations, d'huiles, thermographie, etc.) et sont au cœur d'une approche nouvelle pour la maintenance : moins de gestion comptable centralisée et plus de recherche de la disponibilité optimale des équipements de production, dans les ateliers.

Ces techniques se diversifient au rythme des progrès dans les méthodes de mesure et dans l'élargissement des technologies employées en production : elles constituent aujourd'hui un pan non négligeable de l'offre française en maintenance industrielle au travers de diverses entreprises de service.

RESUME

Dans chaque industrie, la réussite de la fonction maintenance dépend en premier lieu de l'organisation et du management des moyens humains et matériels dont elle dispose. L'évolution vers cette réussite nécessite donc une étude approfondie afin de déterminer le type de maintenance adéquat aux équipements adéquats. Face à ce besoin, la maintenance conditionnelle se révèle être la méthode qui devrait intéresser tout responsable de maintenance convaincus que la panne est un mal qu'il faut de moins en moins subir.

Le présent travail consiste à :

> Optimisation de l'organisation de l'atelier mécanique ;
> Etude critique de la fonction maintenance ;
> Migration vers la maintenance conditionnelle ;
> Tableau de bord et suivi des indicateurs de performances.

ABSTRACT

In every industry, the success of the maintenance function depends at first on the organization and the management of its human and materiel means. To reach this target, a deep study to determine the appropriate type of maintenance is needed in order to generate the opportune changes.

The conditional maintenance appears to be the solution that should interest any maintenance manager convinced that failure is a lost that it should be less subjected.

The present work consist in to:
- ➢ Optimizing the organization of the mechanical workshop;
- ➢ A critical study of the maintenance function;
- ➢ Migration to the conditional maintenance;
- ➢ Establish a panel, monitoring the performance indicators.

Liste des abréviations

Projet de Fin d'Etudes

AMDEC : Analyse des Mode de Défaillances et de leurs Effets et de leur Criticité
BT : Bon de travail
BTC : Bon de travail correctif
BTP : Bon de travail préventif
C : Coefficient de Criticité (AMDEC)
CIMR : Caisse interprofessionnelle marocaine de retraite
CND : Contrôle non destructif
F : Indice de Fréquence (AMDEC)
G : Indice de Gravité (AMDEC)
HSE : Hygiène Sécurité Environnement
I : Intégration
ISO : Organisation internationale de normalisation
MCMA : Mutuelle Centrale Marocaine d'Assurances
MAG : Métal actif gaz
MAMDA : Mutuelle Agricole Marocaine d'Assurances
MTTR : Temps moyen de réparation (Mean Time to Repar)
NM : Norme Marocaine
ONA : Omnium Nord-Africain
P : Permissivité
PDR : Pièces de rechange
QSE : Qualité / Sécurité / Environnement
RADEEJ : Régie autonome distribution d'eau & électricité d'El Jadida
RSST : Règlement sur la santé et la sécurité du travail
SAP : Systems, applications, and products for data processing
SNI : Société nationale d'investissement
SONASID : Société nationale sidérurgie
TIG : Tungstène Inerte gaz
TIR : Thermographie infrarouge
TPM : Total productive maintenance
TRS : Taux de rendement synthétique
TRG : Taux de rendement global

Liste des figures

Liste des Tableaux

Introduction

L'industrie aujourd'hui, et notamment l'industrie de « process » qui traite en continu les matières premières pour fabriquer des produits à des degrés divers de finition, est une industrie développée, ayant depuis des années franchi des seuils importants en matière de productivité et de technicité.

Néanmoins, la compétition nationale et internationale dans laquelle se trouve placée l'oblige à continuer à progresser et à gagner des points de « rentabilité » sur elle-même et par rapport à ses concurrents. Or, si l'industrie marocaine est aujourd'hui bien équipée et si elle maitrise bien la commande et la régulation des process, elle rencontre cependant un problème important qui est celui de la disponibilité de l'outil de production qui l'empêche trop souvent d'être **compétitive à plein temps**.

Maitriser la disponibilité des biens industriels permettrait à l'industrie d'aujourd'hui d'agir sur la régularité de sa production, sur ses couts de fabrication, sur sa compétitivité et sur son succès commercial.

Pour vendre plus, pour vendre mieux, il s'agit à présent non plus seulement de proposer un meilleur mode de conduite de l'installation mais de garantir à l'exploitant un mode d'intervention rapide, une mise en place de détection et de diagnostic de défaillances, en un mot **une maintenance de qualité** permettant d'atteindre la production optimum.

Cependant, cette amélioration de la disponibilité des machines, impératif d'aujourd'hui, ne doit pas entrainer une inflation de budget maintenance déjà bien lourd dans l'industrie de sidérurgie, sous peine d'en amoindrir l'intérêt.

Les entreprises sont donc confrontées à ce double défi économique :

➢ **Augmenter la productivité** par une disponibilité accrue de leur outil de production ;
➢ **Diminuer les couts d'entretien et de réparation.**

La maintenance conditionnelle, qui permet –sans démontage ou arrêt de fabrication – de prévenir la panne, d'en amoindrir les effets et d'en programmer la réparation en dehors des pointes de production, répond à ce double défi.

La maintenance conditionnelle, exposée de ce rapport de fin d'étude avec ses outils, sa méthode, ses avantages et ses limites par rapport à la maintenance systématique, devrait donner toutes les bonnes raisons d'adopter ce type de maintenance et intéresser toute personne convaincus que la panne est un mal qu'il faut de moins en moins subir.

Chapitre 1

Présentation de la société

I.1. Généralités sur la société d'accueil :

I.1.1. Présentation du Groupe ONA :

Créé en 1919, le groupe ONA avait, jusqu'au début des années 80, développé ses activités autour des secteurs du transport, du tourisme et des mines.

Avec le retrait de Pari bas au profit de Cogespar et Siham, il a pris des participations de contrôle dans divers secteurs tels que l'industrie du lait, l'industrie des corps gras, le transit maritime et la chimie.

Dénommé alors Omnium Nord-Africain, ONA a entrepris un développement par croissance externe dans de nouvelles activités telles que la banque, l'assurance et la pêche.

Dans les années 90, parallèlement à ces prises de participation importantes, ONA a entrepris la dynamisation des secteurs pionniers au Maroc, avec la création d'ensembles intégrés dans les secteurs de télécommunication et de la grande distribution.

Depuis 1995, le Groupe a entamé une politique de consolidation dans les secteurs considérés stratégiques, afin d'améliorer sa capacité bénéficiaire et de renforcer la structure financière de son bilan, tout en optimisant l'allocation de ses ressources humaines et financières.

Aujourd'hui, le groupe opère dans des secteurs prioritaires tels que l'agroalimentaire, les mines, l'assurance, l'immobilier et la distribution.

I.1.2. Aperçu général sur la SONASID :

SONASID a été créée par l'Etat marocain en 1974 avec une ambition de mettre en place une sidérurgie complètement intégrée depuis la production de minerai à Ouixane (Nador) et en le valorisant dans un haut fourneau d'un million de tonnes. Les études technico-économiques menées durant de nombreuses années ont abouti à l'opportunité d'un simple laminoir avec une intégration progressive en amont. C'est ainsi que fut lancé le premier maillon d'une sidérurgie nationale dédiée principalement au secteur de la construction.

La production a démarré en mars 1984 avec le laminoir de Nador d'une capacité de production initiale de 420 000 tonnes qui a été portée progressivement à 600 000 tonnes par an de ronds à béton et fil machine.

En 1996, SONASID introduit 35% de son capital en bourse et, en 1997, l'Etat cède 62% du capital à un consortium d'investisseurs institutionnels pilotés par la SNI.

Pour faire face aux nouvelles contraintes du marché et aux impératifs de compétitivité, SONASID a démarré en juillet 2002, un nouveau laminoir à Jorf Lasfar, région propice au développement industriel, avec une capacité de production annuelle approchant aujourd'hui les 400 000 tonnes.

En 2003, SONASID s'est lancée dans un ambitieux projet de réalisation d'une aciérie électrique à Jorf Lasfar qui a démarré en août 2005 et assure la production de la billette, matière première des laminoirs de Nador et de Jorf Lasfar.

En 2005, SONASID a procédé à l'augmentation de capital dans Longo métal Armatures, activité développée initialement au sein de Longo métal Afrique, amenant ainsi sa participation à 92%.

Le 3 mars 2006, l'accord de partenariat entre ArcelorMittal et SNI a été conclu pour le développement de SONASID.

I.1.3. Historique :

Voici les dates qui ont marqué l'histoire de la SONASID :

- ▶ **1974** : Création de SONASID par l'état marocain.
- ▶ **1984** : Démarrage de la production avec le laminoir de Nador avec une capacité de 420 000 t.
- ▶ **1991** : Libéralisation des importations.
- ▶ **1996** : Introduction de 35% du capital en bourse
- ▶ **1997** : Cession par l'Etat de 62% du capital de SONASID à un consortium d'investisseurs institutionnels piloté par la SNI.
- ▶ **1998** : Acquisition de Longo métal Industries.
- ▶ **2000** : Lancement des travaux de réalisation du laminoir de Jorf Lasfar.
- ▶ **2001** : Fusion avec la filiale Longo métal Industries.
- ▶ **2002** : Démarrage du laminoir à JORF LASFAR.
- ▶ **2003** Certification ISO 9001 versions 2000 et lancement de la TPM à Nador et JORF LASFAR.
- ▶ **2004** : Certification NM (Norme Marocaine) du rond à béton de JORF LASFAR.
- ▶ **2005** : Démarrage de l'aciérie électrique d'une capacité de 650 000 t/an.
- ▶ **2006** : partenariat entre ArcelorMittal et SNI pour le développement de SONASID.
- ▶ **2009 :** Lancement du projet SAP

I.1.4. Fiche signalétique de SONASID :

Le tableau 1 présente la fiche signalétique de la SONASID

<u>Tableau 1</u> : **Fiche signalétique de la SONASID**

Raison sociale	Société nationale sidérurgie
Statut juridique	Société anonyme
Secteur d'activité	Sidérurgie, Bâtiment & Matériaux de Construction
Effectif	Entre 500 et 1000 dont 110 cadres
Emplacement	CASABLANCA
Adresse	Twin Center, 18éme étage Bd Massira Alkhadra 20000 CASABLANCA-MAROC
Tél.	00 2125 23 38 94 00
Fax	00 2125 23 34 52 39
Chiffre d'affaire	60 millions de DH

I.1.5. Position de la SONASID dans le marché :

SONASID est le leader sidérurgique marocain sur les produits longs (rond à béton & fil machines) avec 83% de part de marché et un chiffre d'affaires de 5,7 milliards en 2006.

Avec près de 900 collaborateurs et à travers ses sites industriels situés à Nador et à Jorf Lasfar, SONASID a une capacité de production annuelle de plus d'un million de tonnes destinée principalement au secteur de la construction nationale.

Face aux enjeux de la mondialisation et de la libéralisation croissante des échanges commerciaux, SONASID poursuit sa mise à niveau tant au niveau industriel que stratégique répondant aux exigences d'un marché national en plein essor.

La modernisation permanente de son outil industriel a amené SONASID à concrétiser un projet de grande envergure donnant naissance à la première aciérie électrique du Maroc.

SONASID se positionne également sur le marché des armatures industrielles à travers sa filiale Longometal Armatures.

Le partenariat conclu en 2006 entre ArcelorMittal et SNI représente pour SONASID une opportunité de développement et de synergies.

Véritable référence dans son domaine et consciente de sa responsabilité vis-à-vis de la société, SONASID se distingue par son engagement citoyen au niveau régional, à travers une démarche basée sur la promotion de l'investissement, la création d'emplois et la protection de l'environnement.

I.1.6. Partenariats :

Un partenariat stratégique :

L'année 2006 a été marquée par la signature de l'accord de partenariat ArcelorMittal-SNI pour le développement de SONASID. Arcelor, SNI et les autres actionnaires de référence (MAMDA-MCMA, Axa Assurances Maroc, RMA Watanya, CIMR et Attijariwafabank) ont transféré le 31 mai 2006, leurs participations respectives dans capital de SONASID à une société holding NSI Nouvelles Sidérurgies Industrielles. Cette société détient désormais 64,85% du capital de SONASID, capital réparti à 50/50 entre Arcelor et le groupe d'actionnaires marocains conduit par SNI. Cet accord repose sur la consolidation et le développement de la position de SONASID sur le marché marocain, et la volonté de la faire bénéficier de transferts de technologies et des compétences d'Arcelor dans le secteur des produits longs.

Aujourd'hui, un des grands volets de synergie avec le Groupe concerne l'approvisionnement de la matière première et des achats des grands consommables.

Premier Groupe sidérurgique mondial implanté dans 27 pays et comprenant 320 000 collaborateurs dans 61 sites de production.

- 15 milliards de dollars d'EBITBA en 2006.
- Une capacité de production de 118 millions de tonnes.
- Leader sur tous les principaux marchés mondiaux : automobile, construction, électroménager et emballage.

- Un réseau de distribution inégalé et un approvisionnement considérable en matière première.

Axes Stratégiques 2007-2011 :

Réussir la montée en puissance de l'aciérie électrique.

- Poursuivre le revamping du centre de Nador et tirer profit des investissements antérieurs tout en améliorant la productivité des laminoirs.
- Sécuriser les sources d'approvisionnement en matières premières et en énergie.
- Maintenir une position de leader sur le marché national et se développer à l'export.
- Industrialiser les armatures du bâtiment et des travaux publics.
- Dépasser la production de un million de tonnes par an.

Des projets de développement prometteurs :

Afin de réduire le coût d'approvisionnement énergétique et contribuer au développement durable, l'opportunité d'un investissement dans l'énergie éolienne est à l'étude. Le recours à cette source d'énergie renouvelable revêt un caractère stratégique dans un contexte où l'entreprise est confrontée à des prix énergétiques élevés et une croissance annuelle de 8% de la demande en électricité au niveau national.

SONASID étudie également le projet de production de chaux industrielle à Ben Ahmed, en collaboration avec Lafarge et d'autres partenaires. Cette alternative offre une capacité de production de 120 000 tonnes/an de chaux de très bonne qualité et à prix compétitif, étant donné la proximité de Ben Ahmed de Jorf Lasfar comparativement à Tétouan où la chaux est produite actuellement.

I.1.7. Qualité, Sécurité et Environnement :

La mondialisation renforcée par les accords de libre-échange implique pour l'entreprise l'application d'un management moderne et la mise en œuvre d'une démarche Qualité Totale. C'est dans ce contexte et dans une optique d'amélioration continue que SONASID s'est fixée des objectifs QSE ambitieux.

Soucieux de répondre aux exigences du marché en termes de qualité, de sécurité, et acteur important dans la réalisation de grands projets d'infrastructures au Maroc, SONASID s'est engagée depuis 1999 dans une démarche de certification qualité de l'ensemble de ses unités. Une orientation qui grâce à la forte mobilisation et implication des équipes s'est traduite par plusieurs consécrations : la certification ISO 9002 du site de Nador en 2001, la certification des produits conformément aux normes marocaines NM et en 2003 la reconnaissance de la conformité de tous les processus de l'entreprise conformément au référentiel ISO 9001 version 2000.

Consciente de sa responsabilité vis-à-vis de toutes les parties prenantes et de son environnement, SONASID s'est fixé en 2005 des objectifs plus ambitieux en élargissant le champ de certification aux aspects Santé, Sécurité au travail et Environnement. Un vaste chantier de certification QSE intégré de l'ensemble de ses sites et de ses activités qui s'est concrétisé, en janvier 2006, par le renouvellement de sa certification ISO 9001 version 2000 ainsi que l'obtention du certificat de conformité au référentiel NM 00.5.801 du Système de Management de la Santé et de la Sécurité au Travail et au référentiel NM ISO 14001 du Système de Management de l'Environnement.

SONASID s'est également vue décerner, en 2006, lors de la 8ème édition du Prix National de la Qualité et du Prix National de la Sécurité au Travail, le 1er prix de la Sécurité au Travail et le 2ème prix de la Qualité dans la catégorie « Grandes Entreprises Industrielles ». Rétribution renouvelée en 2007 (prix qualité) et qui vient saluer les efforts déployés dans la mise en œuvre d'un système de management moderne, toujours à l'écoute des enjeux économiques et sociaux.

I.1.8. Présentation du site JORF LASFAR :

Le site SONASID de JORF LASFAR (figure 1) participe avec celui du Nador à l'alimentation du marché en rond à béton et en laminé marchand .ils fournissent 90% des besoins nationaux.

A pleine capacité, l'usine produit 300 000 t/an de produits en barres reparties en rond de 8 mm à 40 mm de diamètre et en laminés marchands dans la gamme des carrés, cornières, sections en U et plats de dimensions répondant au besoin du marché national.

Le site mesure environ 700 mètres de long par 420 mètres de large. Le terrain s'élève à 50 mètres au-dessus du niveau de la mer .Une sous station de la RADEEJ de 60 MVA est implanté au sud du site.

Concernant sa situation géographique, elle est située à l'est du port de Jorf Lasfar, dans la province d'El Jadida.

Figure 1 Site de Jorf Lasfar

I.2. Procédés de Fabrication :

I.2.1. Aciérie :

L'aciérie électrique a démarré le 18 août 2005 pour produire 800.000 à 1 .000.000 de tonnes de billettes par an, matière première des deux laminoirs. Un investissement de 1.035 milliards de Dirhams qui a suscité l'intervention et le savoir-faire d'experts nationaux et étrangers.

Le 18 août 2005, SONASID a connu un événement majeur avec la réalisation de la première coulée de l'aciérie électrique. Avec un investissement de 1,035 milliards de dirhams, cette nouvelle unité assure la production de la billette, matière première des laminoirs de Nador et Jorf Lasfar pour une capacité prévisionnelle de 800.000 à 1.000.000 tonnes/an.

La complexité du projet a mobilisé d'importantes ressources sur le plan humain. Le chantier fut ainsi parcellisé en une quinzaine de lots attribués à des intervenants nationaux et étrangers justifiant d'une grande expertise. Un effort considérable a été consenti dans la préparation de l'exploitation de l'aciérie. La majeure partie de l'effectif a bénéficié d'une formation pratique dans des aciéries étrangères.

En 2006, SONASID enregistre un record de ventes exceptionnel atteignant 1 001 915 tonnes. Une année remarquable portée par un marché du BTP en pleine ébullition mais marquée par une concurrence plus importante.

I.2.1.1. Traitement des ferrailles :

La ferraille représente la matière première de l'aciérie, la qualité de la ferraille a été définie de façon simple et directe. La qualité a ainsi deux composantes :

La pureté de la ferraille, exprimée en terme de teneur en métal (ou en fer) et en niveau d'éléments résiduels.

La densité et la dimension des ferrailles ; Une notion de sûreté d'utilisation définie par des règles de sécurité, qui précisent quels sont les matériaux dont la présence est interdite dans la ferraille, parce qu'ils sont toxiques, explosifs ou radioactifs.

La ferraille est reçue à l'aciérie par camions, puis elle est stockée dans des parcs de grande capacité (figure 2).

Figure 2 Parc à ferraille

La ferraille est reprise sur les parcs par l'intermédiaire des ponts roulants (figure 3) ou des électroaimants puis ensuite déposé sur un convoyeur qui l'amène vers le four à arc électrique, où elle sera fondue.

Figure 3 Pont roulant

I.2.1.2. Chargement en ferraille:

La ferraille est chargée en continu sur un convoyeur spécial prolongé par un tunnel dans lequel elle est préchauffée par les fumées sortant du four à arc électrique (figure 4). Ce type de procédé est appelé procédé Consteel. La ferraille chute dans un pied de bain liquide en dégageant des fumées chaudes et poussiéreuses qui, sans le système de captage des fumées, s'élèveraient jusqu'au toit de l'aciérie.

Les fumées qui s'échappent du four sont captées en toiture (Cannopy hood) et dirigées vers les filtres de dépoussiérage (circuit secondaire de dépoussiérage des fumées issues du four à arc électrique).

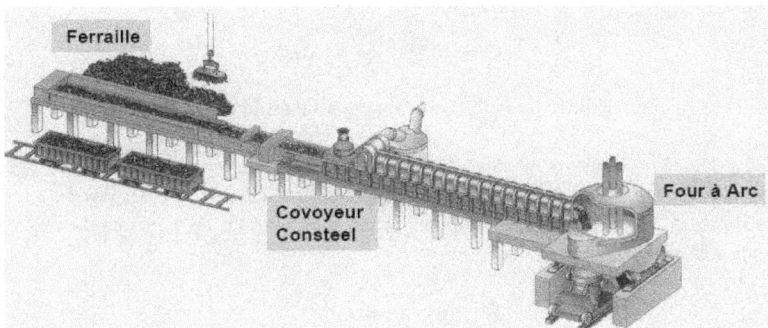

Figure 4 Chargement en ferraille

I.2.1.3. Fusion :

Des électrodes en graphite sont plongées dans le four au-dessus des ferrailles et mises sous tension. Un arc électrique s'établit entre les électrodes et la ferraille, le rayonnement dégagé par la colonne de plasma créée, transfère l'énergie thermique nécessaire à la fusion.

L'arc est dévié vers l'extérieur par le champ magnétique crée par les autres électrodes ce qui crée une inhomogénéité de température, on remédie à ce problème par l'ajout des brûleurs oxygène propane de paroi devant ces points froids. Les besoins énergétiques sont complétés par l'injection du charbon et de l'oxygène en profitant du caractère exothermique de la réaction chimique entre ces deux éléments.

Tant que la ferraille non fondue entoure les électrodes, la lumière de l'arc est interceptée par le métal, mais lorsque la ferraille est suffisamment fondue, l'arc peut rayonner sur les parois du four ce qui constitue une perte d'énergie importante .Donc pour capter cette énergie, on a créé un laitier moussant qui surnage au-dessus du métal, ce laitier empêche le rayonnement direct de l'arc sur les parois extérieurs et transmet l'énergie thermique qu'il capte au métal fondu. Le laitier est créé en injectant de l'oxygène dans le bain enrichi en carbone.

Dans un four à arc électrique (figure 5), la principale source d'énergie chimique est produite par l'oxydation partielle du carbone dissout dans l'acier en fusion. Le comportement exothermique extrême de cette réaction a mené certains exploitants de FAÉ à injecter du carbone solide dans le bain afin de produire davantage de chaleur. Les deux réactions peuvent s'exprimer par les équations (1) et (2) :

$$\underline{C} + (0,5)\, O_2 \longrightarrow CO \quad (1)$$

$$C(s) + (0,5)\, O_2 \longrightarrow CO \,(2)$$

Où la valeur soulignée indique que l'élément est dissout dans l'acier.

La deuxième source de chaleur chimique provient de l'oxydation du fer par l'injection d'oxygène dans un bain d'acier en fusion complète ou partielle. De plus, l'oxyde de fer peut ensuite réagir avec le carbone dissous pour former du CO et du fer pur. Ces deux réactions sont représentées par les équations (3) et (4) :

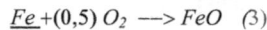

$$\underline{Fe} + (0,5)\, O_2 \longrightarrow FeO \quad (3)$$

$$FeO + \underline{C} \longrightarrow CO + \underline{Fe} \quad (4)$$

24

Ces deux équations sont très bien comprises sur le plan de la thermodynamique et représentent une partie importante du procédé en FAÉ en raison de la quantité de chaleur produite et la récupération d'unités métalliques utiles.

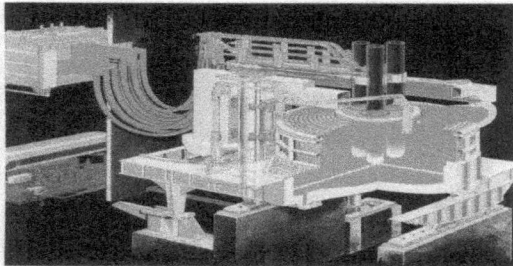

Figure 5 Four à arc électrique

I.2.1.4. Four poche :

Lorsque tout le métal est fondu, on procède à la coulée. Le four est d'abord basculé vers l'avant pour décrasser le laitier par la porte de décrassage. Puis il est basculé vers l'arrière pour évacuer le métal fondu via un orifice excentrique .cet orifice est disposé excentriquement pour éviter un écoulement turbulent qui peut mélanger l'acier avec le laitier, ce dernier étant indésirable vu ses caractéristiques chimique. Une poche sous l'orifice de coulée est destinée à recueillir le métal liquide. La poche est ensuite transférée au four poche où le métal sera mis à la nuance par des opérations d'additions métallurgiques et d'échange avec un laitier spécifique (scories blanches). Le four poche est également équipé d'électrodes électriques pour maintenir et régler la température (figure 6).

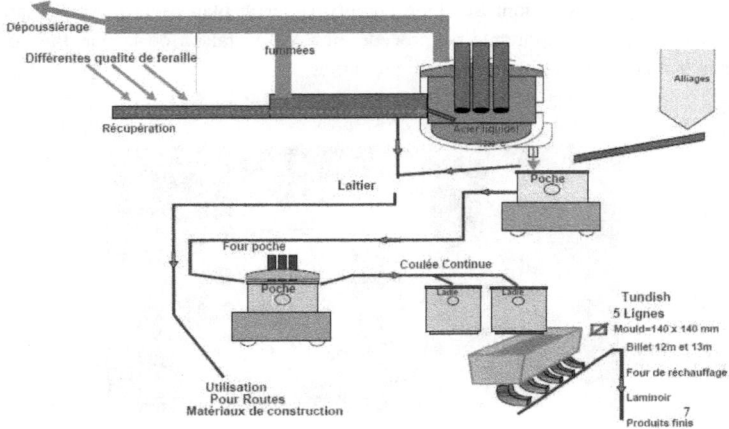

Figure 6 Chargement des poches

Parmi les fondants additionnés à la poche, on retrouve la chaux calcinée, la dolomite calcinée, le spath fluor et la silice. Ces fondants sont nécessaires pour atteindre l'objectif de la qualité d'acier.

La majeure partie des éléments d'alliage est ajoutée dans la poche au moment du coulé. La poche séjourne une vingtaine de minute dans une station de métallurgie en poche (LF), ou la température du métal est ajustée à une valeur convenable pour la coulée continue et la composition chimique est réglée.

I.2.1.5. Coulée continue :

La machine de coulée continue de billettes à cinq lignes met en œuvre les solutions les plus récentes en matière de coulée continue à grande vitesse. Elle se caractérise surtout par sa conception très « sobre » avec des éléments de construction particulièrement robustes, approche qui contribue à minimiser le coût de production et de maintenance. La lingotière autorise des vitesses de coulée allant jusqu'à 5,3 m/min pour les billettes de format 140 x 140 mm2 pour des longueurs 12 m à 13m.

Cette phase consiste à hisser la poche par un pont roulant en haut du tourniquet de la coulée continue (figure 7), ensuite on obtient 5 couloir de coulé à partir du tourniquet qui passe dans des lingotières après dans une chambre de refroidissement puis dans extracteur-redresseur qui assure l'extraction de la billette et en même temps son redressage par le biais des rouleaux qui tournent en contact avec la billette en coulée enfin intervient la phase de l'oxycoupage chaque 12m. Les produits issus de la coulée continue sont des billettes qui peuvent être laminées directement ou refroidies et mises au stock pour être laminées ultérieurement.

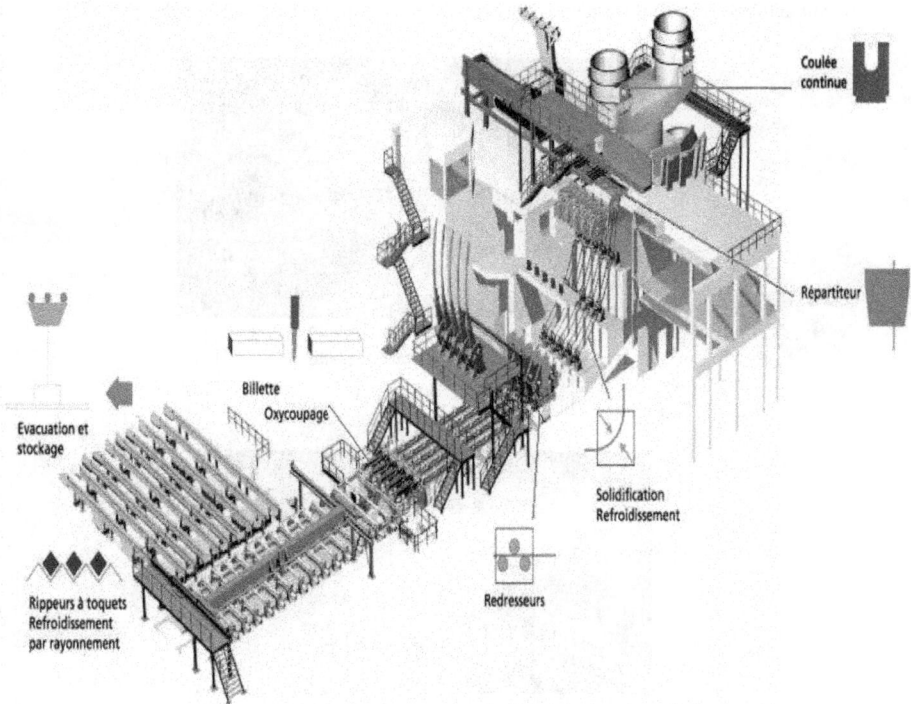

Figure 7 Coulée continue

I.2.2. Laminoir :

I.2.2.1. Parc à billettes :

Les billettes sont stockées dans deux parcs externe (figure8) et interne (figure9) situés du côté ouest du laminoir : Le parc de stockage interne est situé à l'entrée du four de réchauffage.

L'alimentation du parc en billettes peut se faire soit à partir du parc externe, qui se trouve à proximité du parc interne du côté ouest, par des chariots élévateurs soit directement à partir des camions.

Le chargement des billettes dans le four se fait à partir du parc interne par le biais d'un pont roulant de 20t et d'une table de chargement qui se trouve avant l'entrée du four.

Figure 8 Parc externe

Figure 9 Parc interne

I.2.2.2. Four de réchauffage :

Le four de réchauffage est un four à sole mobile à combustion par le haut avec brûleurs latéraux et frontaux. Les billettes sont rangées à l'intérieur du four en une rangée de 12m. La capacité nominale du four pour un chargement à froid est de 80t/h. Lorsque la billette atteinte la température idéale de laminage, elle est déchargée et transférée vers la ligne de laminage.

Le train de laminage (figure10) est constitué de 18 cages. Il s'étale sur une longueur d'environ 55m.

➢ Le train dégrossisseur, cages 1 à 6, est composé de 3 cages verticales et de trois cages horizontales disposées en alternance. L'ensemble est conçu de façon à avoir un laminage continu de billettes sans torsion. Une cisaille à arracher est installée à l'entrée du train dégrossisseur pour le cisaillement d'urgence de la billette.

➢ Le train intermédiaire, cages 7 à 12 est conçu de la même manière que le train dégrossisseur pour un laminage de billettes sans torsion. Une cisaille à ébouter est située entre le train dégrossisseur et le train intermédiaire. Les aboutages tête et queue de la billette sont effectués automatiquement par cette cisaille. Elle sert également en cas d'urgence pour tronçonner la billette.

➢ Le train finisseur, cages 13 à 18, est composé d'une alternance de cages horizontales et convertibles. Les cages convertibles peuvent travailler en position verticale ou horizontale.

Le train est constitué d'une seule ligne de laminage qui se répartie, dans le train finisseur, en deux ou trois veines pour les ronds à béton et les ronds mécaniques pour les diamètres 08mm à 14mm. Les autres produits sont laminés en une seule veine.

Figure 10 Train de laminage

I.2.2.4. Zone de finissage :

La Zone de finissage (figure 11) est Situé après le train de cage cette zone s'étale sur une longueur d'environ 170m. Elle comprend le refroidissement du produit, la formation des paquets, le ligaturage et le transfert vers la zone de stockage.

Figure 11 Zone de finissage

I.2.2.5. Parc de stockage du produit fini :

Le parc interne de stockage (figure12) couvre une superficie d'environ 4000 m². Ce parc est équipé de trois ponts roulants : Deux sur une même ligne et le troisième sur l'autre ligne.

Ces trois ponts roulants assurent le transfert des fardeaux du convoyeur vers les zones de stockage et le chargement des camions à partir de ces zones.

Figure 12 Parc de stockage produit fini

Chapitre 2

Optimisation de l'organisation de l'atelier Mécanique

Il nous est demandé dans un premier lieu de mettre à niveau l'atelier de préparation mécanique. Le cahier de charge élaboré est comme suit :

➢ Gestion des flux au sein de l'atelier
➢ Aménagement et proposition de plans
➢ Moyens humains et matériels

II.1.Diagnostic de l'existant :

L'atelier mécanique de la zone laminoir contient les parties suivantes :

➢ Bureau C.M de 13 m²
➢ Magasin d'outillage collectif de 11.4 m²
➢ Zone d'outillage individuels contenant :
  3 armoire de 1,1 m de largeur
  4 armoire de 11 m de largeur
  la zone occupe une superficie de 16 m²
➢ Une zone finissage de superficie de 16 m²
➢ Une zone de chaudronnerie de superficie 225 m² dont
  Une cintreuse de superficie 0.63 m²
  Un poste de soudage de superficie 0.88 m²
  Un poste de Soudage de superficie 0.66 m²
  Un poste de scieuse de superficie 1.4 m²
  Un poste Plasma
  Un poste d'Aragon
  Un poste d'AC
  Deux Meules de Diamètre 230
  Une Meules de Diamètre 115
  Une Perceuse Magnétique BOSH
  Un poste d'Oxycoupage Mobile avec 7 Bouteilles de Rechanges
  Une zone d'outillage chaudronnerie de superficie 5.06 m²
  Trois zones de préparation de Boucleurs de 3.41 m²
  Une table de travail pour Chaudronnerie de 3.2 m²
  Une seconde table de préparation de 1.8 m²
  Une table de travail pour boucleurs de 2 m²
  Une Table pour préparation Boucleurs
  Un aspirateur de 0,36 m² de superficie
➢ Une zone Prison intermédiaire entre la zone mécanique et la zone Chaudronnerie

> Une zone mécanique de superficie 133 m² dont
  Deux zones Manchon de superficie 3 m²
  Une Presse
  Une zone pour stationnement Chariot de Manutention
  Un parc Outil
  Deux Zone de Train Laminage de 6 m²
> Une zone hydraulique
> Une zone de stockage
> Une zone de stockage
> Une zone d'équipements entretenus et non entretenus

L'atelier Mécanique de la zone laminoir est sous la forme actuelle suivante (Figure 13) :

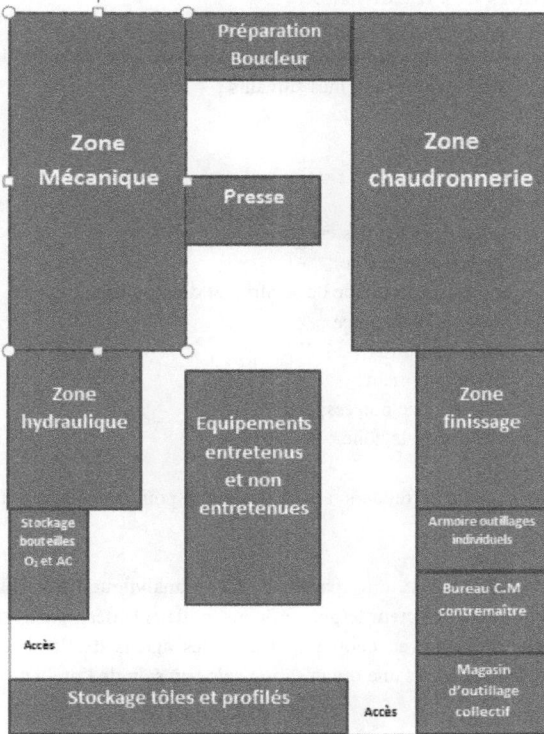

Figure 13 Plan d'atelier avant l'aménagement

II.2.Définitions à Respecter :

- Techniques : Temps + Cadence + Machines + Produits + Bâtiment + Réseau + Energie + Manutention

- Ergonomiques : Conditions de Travail + Normes de Sécurité + Ambiance (Thermique et Ventilation)

- Economiques : Enveloppe Budgétaire +   Penser qu'une implantation coute en investissement et en exploitation

II.3.Constatations des défaillances :

On a recours à la modification de l'organisation actuelle, ou cette dernière n'est plus efficace s'il y a constatation des problèmes suivants :

- Sur ou sous-effectif ;
- Augmentation des rebuts ;
- Perte de production ;
- Augmentation des stocks et des encours ;
- Couts excessifs de maintenance ;
- Risque dans le travail (problème de sécurité et d'hygiène) ;
- Retard dans la livraison de pièce ;
- Désorganisation et exiguïté ;
- Problème d'ordonnancement ;
- Planning de Maintenance non respecté ;
- Mauvaise répartition de la zone.

Dans notre cas, on a recours au changement pour remédier à l'un ou plusieurs problèmes cités auparavant.

Dans la prochaine partie, on répartira de façon analytique les problèmes pour qu'on puisse déterminer quel est le facteur le plus influençant dans la désorganisation. Pour cela, on procédera à un Brainstorming en coopération avec les agents de l'atelier afin de citer les problèmes qui ne permettent pas une organisation saine au sein de l'atelier.

II.4.Brainstorming :

Dans cette partie, on Procédera à un Brainstorming avec la participation d'une équipe formée de (techniciens, contremaitre, responsable maintenance) afin de déterminer les causes du non-respect de l'organisation de l'atelier ou même la disponibilité de ce dernier pour l'entretien ou la réalisation des travaux correctifs ou préventifs :

- ✓ Manque d'éclairage
- ✓ Problème de classement de matériel
- ✓ Manque de nettoyage
- ✓ Mauvaise répartition des zones au sein de l'atelier
- ✓ Absence ou non-respect des répartitions visibles de l'atelier
- ✓ Manque de moyens de manutention
- ✓ Préparation de moyens de manutention trop longue parfois (demande de travaux)
- ✓ Ordre de Travail non précis ou non clair
- ✓ Présence de PDR inutile dans l'atelier
- ✓ Présence de zones non exploitées
- ✓ Non-respect des 5 S
- ✓ Absence d'identification ou de codification de matériel
- ✓ Absence de mode opératoire
- ✓ Absence de fiche de travail au sein de l'atelier
- ✓ Absence de fiche de suivi du matériel au sein de l'atelier
- ✓ Absence de bon de prêt d'outillage au sein de l'atelier
- ✓ Manque de ressources matérielles
- ✓ Problème d'ordonnancement au sein de l'atelier
- ✓ Nuisance sonore
- ✓ Encombrement de débris et de matières inutiles dans l'atelier
- ✓ Temps de séjour de pièces dans l'atelier trop long
- ✓ Manque de suivi écrit de pièces entretenues
- ✓ Problème d'hygiène
- ✓ Manque de rayonnage
- ✓ Tableau d'affichage non respecté ou non pris en compte
- ✓ Planning de maintenance non respecté ou non pris en compte
- ✓ Manque de bureaux dans l'atelier
- ✓ Absence d'une salle de réunion pour la répartition des taches journalières dans l'atelier
- ✓ Magasin d'outillage collectif non exploité
- ✓ Machines défectueuse dans l'atelier
- ✓ Manque ou absence de moyens de communication
- ✓ Flux d'air perturbateur dans l'atelier
- ✓ Présence de poussière dans l'atelier

✓ Absence de zone spécialisée dans la peinture

Les Conséquences de ces problèmes peuvent parfois couter chère à l'entreprise. Il est à noter qu'améliorer l'efficacité de cette dernière en termes de couts de production et de délais de livraison passe par un contrôle et une optimisation de la fonction maintenance au sein de l'entreprise.

On procédera après cette analyse à l'élaboration du diagramme d'Ishikawa (figure14) afin de nous permettre de déterminer les causes principales de cette désorganisation.

II.5.Diagramme d'ISHIKAWA :

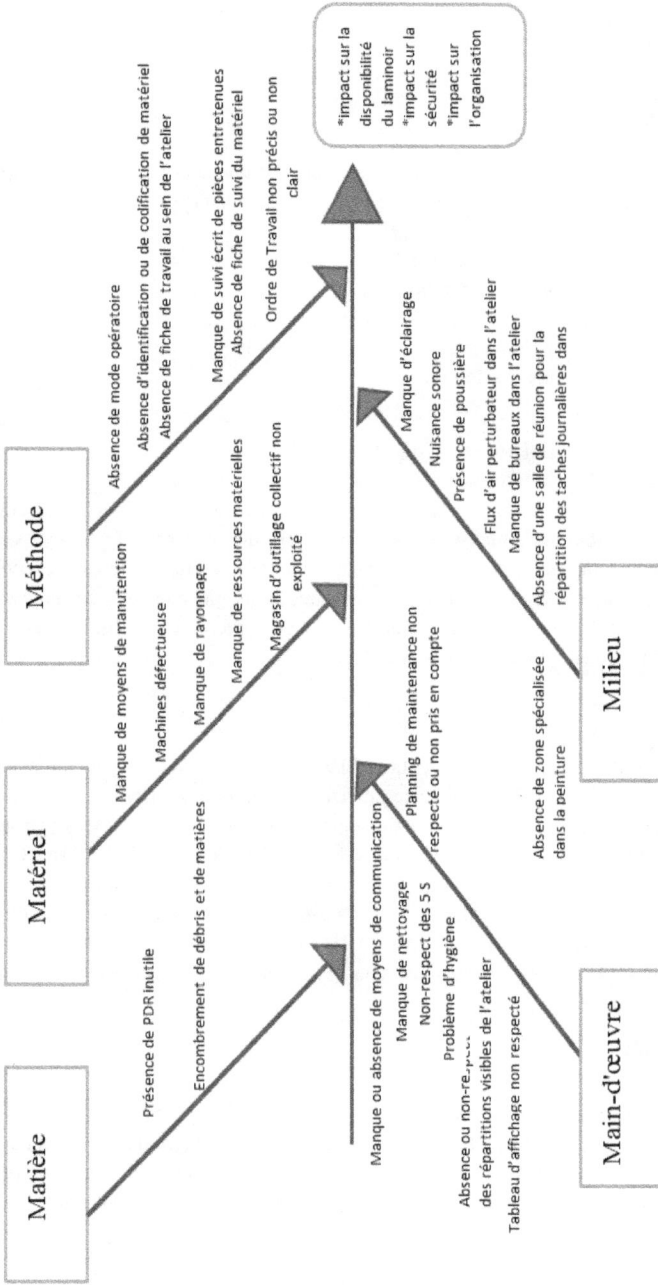

Figure 14 Diagramme d'ISHIKAWA de l'atelier

II.6.Etudier les contraintes :

Avant de proposer des solutions aux problèmes détectés avant, il est préférable de mentionner quelques contraintes figées et qu'on ne peut changer :

❖ Contraintes dimensionnelles :
Surface, Longueur, Orientation,…

❖ Contraintes topologiques :
Adjacences entre machines,….

II.7.Approches d'aménagements :

Les problèmes d'aménagement sont généralement mal définis et sur-contraints. Les problèmes dont les contraintes initiales sont mal formulés et sont mal définis. La résolution de problèmes mal définis est un processus de recherche et de raffinage des contraintes de conception. Les problèmes qui sont sur contraints n'ont pas une solution unique et optimale, mais plutôt plusieurs solutions possibles. Nous présenterons dans cette partie une classification globale des approches étudiées.

Approche 1 :

A été défendue par Maver (Maver, 1970). Il est énoncé que l'intelligence (créativité) humaine est supérieure à l'intelligence artificielle dans la résolution de problèmes réels sous certaines conditions. Cette approche fut représentée par Th'ng et Davies (Th'ng et Davies, 1975), et reprise par Gentles et Gardner (Gentles et Gardner, 1978). Cross (Cross, 1977) a proposé des contre-exemples qui permettent au concepteur d'augmenter le nombre de solutions. Une multiplication par dix du nombre des solutions a été apportée (Mayer, 1979). Cependant, et malgré tous ces efforts, les solutions optimales sont toujours générées intuitivement, et le caractère aléatoire dans les problèmes d'aménagement subsiste au niveau de la prise de décision.

Approche 2 :

Suggérée dans le contexte de la théorie des graphes par Krof (Krof, 1977) et développée par Ruch (Ruch, 1978) pour la génération de diagrammes-bulles plans. De telles méthodes ont tendances à produire plus de solutions que l'approche précédente, mais l'aménagement devient moins systématique que les choix classiques du concepteur.

Approche 3 :

Présentée par Weinzapfel et Handel (Weinzapfel et Handel, 1975), Pferfferkorn (Pfefferkorn, 1975) et Willey (Willey, 1978). Eastman a illustré l'utilisation de son General Space Planner (Eastman, 1971), méthode appartenant à la catégorie des techniques purement heuristiques.

Approche 4 :

Introduite par Grason (Grason, 1968) qui génère des plans associés à des graphes duals représentants au moins une adjacences (contraintes) requise (nœuds) entre les unités (arêtes).

Selon Steadman (Steadman, 1976), l'approche de Grason échoue si le nombre d'unités est supérieur à cinq.

Après cela, Mitchell, Steadman et Liggett (Mitchell et al, 1976), ont implémenté une méthode exhaustive pour la résolution de problèmes qui sont posées selon les contraintes de dimensions d'adjacences. Cette méthode nécessite cependant une étape finale d'optimisation (c'est à dire que le programme ne donne pas directement le résultat définitif). Afin de résoudre un problème à n-unités, leur programme recherche les partitions topologiques possibles, c'est à dire des ensembles de petits rectangles ne se chevauchant pas et ayant des dimensions à priori inconnues. Pour chaque partition satisfaisant à la contrainte d'adjacence, un ensemble de combinaisons des dimensions de cette partition est alors recherché.

Earl (Earl, 1977), a démontré que l'algorithme qui génère ces combinaisons n'est pas exhaustif pour n > 16, et que les méthodes d'optimisation utilisée ont été critiquées par Gero (Gero, 1977). Plus tard, Bloch (Bloch, 1978), Krishnamurti et Row (Krishnamurti et Row, 1978), ont pu générer efficacement les partitions pour n <= 10, et la Shape Grammars de Stiny (Stiny, 1976) a démontré l'utilité de cette méthode, parmi d'autres. La procédure en deux étapes conduit à une classification intéressante, selon leurs topologies. Cependant, la complexité calculatoire du problème limite la taille du nombre d'unité à huit tous au plus.

Flemming (Flemming, 1978), décrit une autre méthode en deux étapes qui elle aussi satisfait aux contraintes de dimension et d'adjacence. Cette méthode combine une génération exhaustive pour différentes classes de solutions topologiques équivalentes et un algorithme linéaire pour l'obtention de la meilleure configuration de chaque classe. Les contraintes linéaires comprennent des contraintes de dimension spécifiques à classes satisfaisantes aux contraintes d'adjacence, ainsi que les approximations linéaires des contraintes de dimensions fixées par l'utilisateur. Flemming présente un exemple de conception réel, avec neuf chambres.

Approche 5 :

Cette approche est issue du domaine de la recherche opérationnelle. Par exemple, Armour et Buffa (Armour et Buffa, 1963), Whitehead et Eldars (Whitehead et Eldars, 1963), Gravett et Playter (Gravett et Playter, 1966), Seehof (Seehof et al, 1966), ont décrit différentes méthodes pour la génération d'aménagements en minimisant les flux internes, Krejcirik (Krejcirik, 1969) considérait aussi la minimisation de l'espace.

Brotchie et Linzey (Brotchie et Linzey, 1971) ont développé une méthode efficace décrivant les flux des personnes, charges, ... Certaines de ces techniques ont été développées par Cinar (Cinar, 1975), Willoughby (Willoughby et al, 1970), Portlock et Whitehead (Portlock et Whitehead, 1971), Gawad et Whitehead (Gawad et Whitehead, 1976), Sharpe (Sharpe, 1973), Hiller (Hiller, 1976), parmi d'autres.

Dudnik (Dudnik, 1973) et Krarup et Pruzan (Krarup et Pruzan, 1973), ont évalué l'allocation optimale de l'espace, avec des conclusions divergentes. Mise à part la controverse au sujet de l'efficacité des méthodes calculatoires concernant le problème d'aménagement, il est impossible de réduire la richesse de l'apport du concepteur en une fonction mathématique objective. La technique d'évaluation et de mesure de Kalay et Shaviv (Kalay et Shaviv, 1978) est une tentative intéressante pour capturer l'aspect qualitatif de l'aménagement en utilisant des méthodes calculatoires.

Radford et Gero (Radfor et Gero, 1980), ont recommandé l'énumération des solutions qui sont optimales selon Pareto suivant plusieurs critères. Cette méthode rencontre le même dilemme que les autres méthodes automatiques, à savoir : quantifier ce qui ne devrait pas être quantifié ou ignorer ce qui ne devrait pas être ignoré.

Approche 6 : Méthode de Promethee pour le classement des Machines

Pour appliquer la méthode PROMETHEE, il faut définir auparavant l'ensemble des actions à classer ainsi que les critères en précisant leurs poids et les fonctions d''évaluation qui leur sont associées.

1- Ensemble des actions

Dans notre cas, les actions correspondent aux machines qui doivent être classées par ordre de priorité en vue de sélectionner celles qui seront maintenues dans l'AdM.

2- Famille de critères

La liste des critères est établie en collaboration directe avec les responsables de production et de maintenance. Parmi les critères importants, on peut citer :

➢ Temps d'usinage de la machine ;
➢ Taux d'utilisation de la machine correspondant au rapport du temps de marche sur le temps théorique de production ;
➢ Influence de l'arrêt sur l'unité de production (existence d'une machine de secours, d'une machine redondante ou d'un stock intermédiaire, ou bien arrêt total ou partiel de la ligne de fabrication) ;
➢ Cout de maintenance de la machine ;
➢ Fréquence de panne ;
➢ Temps moyen de réparation MTTR (Mean Time to Repar) ;
➢ Fiabilité de la machine ;
➢ Contribution de la machine à la gamme de fabrication des produits ;
➢ Influence de la défaillance de la machine sur la qualité du produit fabriqué ;
➢ Influence de la panne de la machine sur la sécurité ;
➢ …

3- Calcul du degré de sur classement

Par définition, une relation de sur classement binaire « R » définie entre 2 actions « a » et « b » de l'ensemble A est telle que : « $a \underline{R} b$ » si, étant donné les préférences du décideur, la qualité des évaluations des action et la nature du problème, il y a suffisamment d'arguments pour admettre que a est au moins aussi bon que b, sans qu'il y ait de raison importante de refuser cette affirmation « Roy et Bouyssou, 1993 »

A partir de ces approches, nous avons opté, pour l'approche 5, qui servira à minimiser les flux internes de la matière ainsi que des personnes.

II.8.Solution Proposée :

Le nouveau plan de l'atelier est donné dans la figure 15.

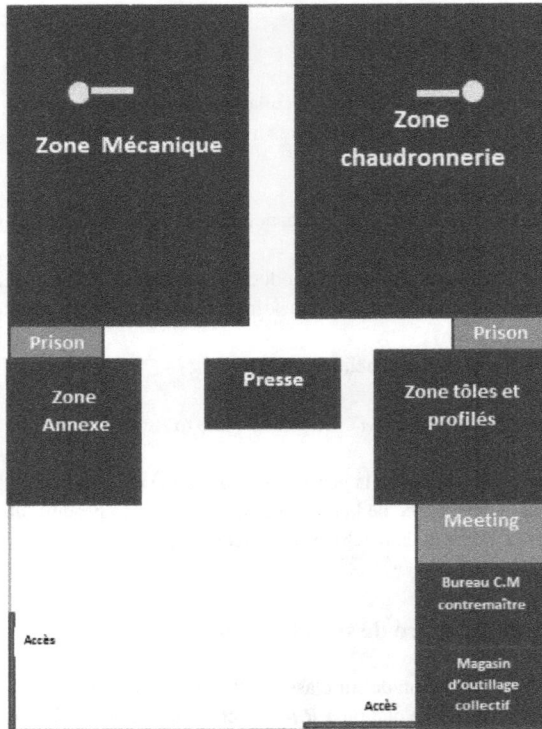

Figure 15 Plan d'atelier après l'aménagement

Dans cette partie la solution proposée pour un aménagement qui servira à diminuer les flux de la matière au sein de l'atelier. Il permettra aussi de gagner plus d'espace dans l'atelier malgré la création de 3 nouvelles zones, à savoir :

- ➢ Zone prison mécanique
- ➢ Zone prison chaudronnerie
- ➢ Zone communication

II.9.Recommandations :

Il faut distinguer l'aménagement de l'encombrement de vos lieux de travail. On peut investir beaucoup d'efforts et d'argent à aménager les lieux de travail convenablement, mais s'ils sont encombrés et sales, les risques d'accident demeurent. Se tordre une cheville en marchant sur un équipement (rallonge électrique, pièce, etc.), glisser sur un sol mouillé, se blesser sur un outil laissé sur l'établi, sont autant d'incidents pouvant être évités si tout est rangé et nettoyé.

Les bonnes pratiques de travail :

➢ Maintenir le plancher en bon état, propre et dégagé.
➢ Disposer des chiffons, du papier et des autres articles imbibés de matières inflammables (huile, essence, solvant) dans des récipients métalliques appropriés.
➢ Vider ces récipients tous les soirs.
➢ Éviter de bloquer l'accès aux extincteurs et aux issues de secours.
➢ Ranger les équipements et les outils aux endroits appropriés ou désignés.
➢ Ramasser les débris de soudure ou ceux produits par d'autres activités.

Pour un aménagement adéquat, il faut penser à :

➢ Prévoir un espace approprié au type de travail.
➢ Disposer les machines de façon à offrir le dégagement nécessaire à leur entretien et à la manutention sécuritaire du matériel et des rebuts.
➢ Désigner des aires séparées pour des opérations comme le soudage, le nettoyage, la peinture, l'entretien et pour l'entreposage des matières dangereuses.
➢ Fournir une salle de réunion et une salle de toilette propres et séparées de la zone de travail.
➢ Éliminer ou isoler les sources de bruit (compresseur, outil pneumatique, etc.)

CIRCULATION

Dans les ateliers mécaniques, des mesures doivent être prises pour prévenir les accidents reliés aux déplacements communs des travailleurs. C'est une obligation de l'employeur en vertu du Règlement sur la santé et la sécurité du travail (R.S.S.T.). Les facteurs suivants doivent être considérés :

➢ La fréquence du trafic des travailleurs et des chariots.
➢ Les dimensions maximales à prévoir en fonction du type d'outils utilisés.

➤ L'utilisation des voies de circulation dans le cadre de la procédure d'évacuation d'urgence.

Les voies de circulation doivent être :

➤ En bon état et dégagées.
➤ Entretenues de façon à maintenir la surface non glissante, même par usure ou humidité.
➤ D'au moins 1200 mm de largeur.
➤ Délimitées par des lignes sur le plancher ou être autrement balisées à l'aide notamment d'installations, d'équipement, de murs ou de dépôts de matériaux ou de marchandises, de manière à permettre la circulation sécuritaire des personnes.
➤ Libres d'au moins 2 mètres au-dessus du plancher à moins que le danger ne soit annoncé au moyen d'un signal
➤ visuel.
➤ Munies de garde-corps aux endroits où il y a danger de chute.
➤ À l'abri des risques de chute d'objets ou de matériaux.
➤ Bien éclairées.

Voici quelques suggestions :

➤ Aménager des voies de circulation distinctes pour les piétons et les véhicules si l'environnement le permet.
➤ Éviter la circulation dans la zone des postes de travail.
➤ Placer des chicanes près des portes, à l'aide de gardes, à la sortie des bureaux, de salle de toilette ou autre, afin d'empêcher les piétons d'accéder directement à la voie de circulation.
➤ Installer des miroirs aux intersections et dans les angles morts.
➤ Adopter une signalisation de type routier.

VENTILATION

Dans l'atelier mécanique, une ventilation générale convenable, qu'elle soit naturelle ou mécanique, est essentielle compte tenu des contaminants présents On n'a qu'à penser aux gaz d'échappement, à toute la gamme de produits utilisés (dégraisseur, solvant, lubrifiant, etc.) sans compter les fumées et les vapeurs dégagées par les opérations de peinture et de soudure.

Pour ce faire, il faut utiliser un capteur muni d'un embout adapté à l'extrémité du pot d'échappement du véhicule pour assurer la captation de tous les gaz. Il est préférable que l'embout soit muni d'un clapet pour empêcher les gaz captés ailleurs, de s'échapper par le

capteur

SIGNALISATION

La signalisation (figure16) est importante et non seulement sur les routes. Chaque fois qu'un risque ne peut être éliminé à la source ou contrôlé par un autre moyen, il faut prévoir une signalisation appropriée. Voici quelques situations où la signalisation est nécessaire:

➢ Circulation automobile ou piétonnière.
➢ Travaux particuliers.
➢ Évacuation d'urgence.
➢ Danger de chute.
➢ Dénivellation du sol (marche, légère pente, etc.).
➢ Hauteur libre inférieure à 2 mètres.
➢ Port d'équipement de protection individuelle (bottes, coquilles, etc.).
➢ Danger électrique.

Figure 16 Signalisation

II.10.Avantages du nouvel aménagement :

A partir de ce nouvel aménagement, on gagnera en :

➢ Espace : l'espace vide a augmenté, il servira à mettre en place une nouvelle zone par exemple.
➢ Machines : les machines de l'atelier sont mis en valeur, ils seront accompagné par un dossier machine afin d'assurer une bonne traçabilité de ces derniers.
➢ Espaces de rangements : les espaces de rangements ont augmenté, il est préférable de respecter la mise en place standard pour le rangement.
➢ Eléments de manutention : le pont roulant ainsi que deux potences ont été ajouté à l'atelier.
➢ Un meilleur rangement permettra de renouveler le travail en respectant les 5S.
➢ Une nouvelle couche de peinture au sol de l'atelier permettra de rajeunir ce dernier, elle incitera aussi au nettoyage et aux 5 S
➢ Les Recommandations HSE seront plus mise en valeur.
➢ La traçabilité et la documentation dans l'atelier mécanique.

II.11.Documents de l'atelier mécanique :

On a pensé à créer de nouveaux documents dans l'atelier afin d'assurer la traçabilité au sein de ce dernier. On citera comme exemple :

Bon de PRET OUTILLAGE :

Ce document n'entre pas directement dans le cycle de production mais sert plutôt à formaliser l'action de prêt d'outillage par les opérateurs, ceci permettra d'avoir un meilleur contrôle sur l'outillage (figure17).

SONASID	BON DE PRET Outillage consommable		Utilisation prévue Du : Au :
Date et NOM MAGASINIER		NOM	Visa Agent
Numéros	Repère	DESIGNATION	Etat ENTREE/SORTIE

<u>Figure 17</u> **Bon de PRET OUTILLAGE**

Demande de travail :

Ce document contient une explication textuelle du travail. L'agent se réfèrera à la documentation se trouvant dans sa zone pour de plus amples explications (dessin de définition,…) (figure18).

SONASID		Demandeur	Nom		DEMANDE DE TRAVAIL
			TEL		
		Visa	DATE Création		
			Demande pour		
N° : …………		TRAVAIL A EXECUTER			
RELANCES					
DATES	REPONSES				

<u>Figure 18</u> **Demande de travail**

Feuille de Route :

Ce document contient le plus grand nombre possible d'informations et d'étapes afin d'alléger le système documentaire (figure19).

SONASID	N° ARTICLE	NOM / DEMANDEUR	TEL	DESIGNATION	N° ordre	FEUILLE DE ROUTE

REALISATION	N° OP	SECT	T.ESTIME	DESIGNATION MACHINE LIBELLE OPERATION	T.REEL	P.BONNES	P.MAUVAISE	DATE
DELAI								

LISTE DES MATIERES		
DESIGNATION/N	QUANTITE	PRIX UNITAIRE

RESPONSABLE ATELIER		VALEUR TOTAL	BUREAU DE METHODE		CONTROLE	
DATE	VISA		DATE	VISA	DATE	VISA

Figure 19 **Feuille de Route**

Tableau d'ordonnancement au niveau de l'atelier :

Document propre à l'ordonnancement, il sera mis sous forme de registre qui servira à planifier les opérations de l'atelier (figure20).

SONASID			TABLEAU D'ORDONNANCEMENT												
N° PIECE	DATE LANCEMENT	DESIGNATION	DELAIS	SUITE CHRONOLOGIQUE DES OPERATIONS										DATE LIVRAISON	OBSERVATION

Figure 20 **Tableau d'ordonnancement**

Manuels d'utilisations :

Dans cette partie, nous avons établis des manuels d'utilisations des machines pour aider les opérateurs dans leurs travaux. Ces derniers sont accompagnés de fiches de maintenances et de nettoyage de ces machines.

Les machines mis en question sont :

- Feed L302 – FeedL304, Origo M08, Origo M09
- Origo ARC 250-300-400
- Casto TIG 1702 CA/CC, Casto TIG 2202 CA/C, Casto 3012 CA/CC, Casto TIG 2201 CC, Casto TIG 3011 CC
- Origo Mig L305, L405

Modes Opératoires :

Nous avons établis des modes opératoires de soudage afin de mieux gérer ce procédé. Nous avons par ce fait établis une application qui a pour contenu le descriptif et le mode opératoire de soudage des ACIERS NON ALLIES (figure 21), nous avons mis le point sur :

> Le soudage ARC Electrique avec Electrode Enrobée
> Le soudage ARC électrique avec Procédé M.A.G (métal actif gaz)
> Le soudage ARC électrique avec Procédé T.I.G (Tungstène Inerte gaz)
> Le soudage Oxyacétylénique

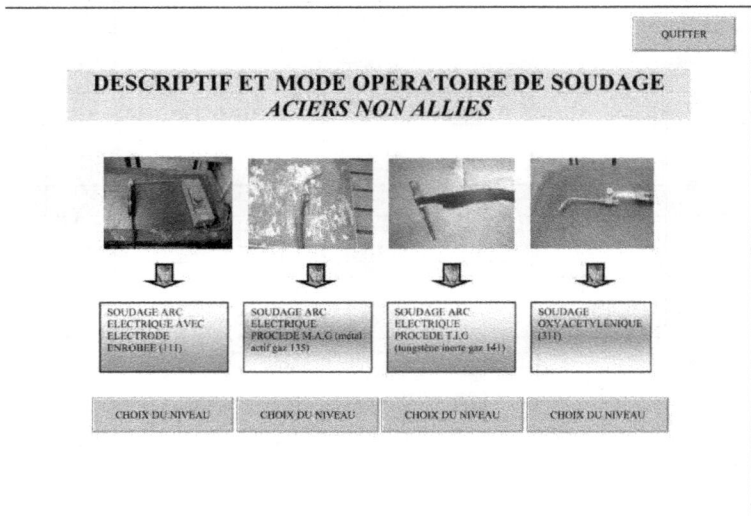

Figure 21 Mode opératoire de soudage des ACIERS NON ALLIES

II.12.Estimation du Moyen humain nécessaire pour l'atelier :

Après avoir étudié l'historique des opérations qui se déroulent au sein de l'atelier, nous avons dressé des tableaux récapitulatifs des opérations dans l'atelier ainsi que les moyens humains nécessaires à leurs réalisations (tableaux 2,3et4).

Tableau 2 **Moyen humain nécessaire pour « Zone Chaudronnerie »**

Nature de travail	Fréquence	Moyens humains
Préparation des éléments de guidage des boucleurs (Goulottes E/S, Déviateur) au niveau du Train de Laminage	En continu	1
Préparation Tables By-pass de diamètre Grand au niveau du Train de Laminage	Selon Demande	1
Préparation des Boucleurs au niveau du Train de Laminage	En continu	1
Préparation des conduites au niveau du Laminoir	Selon Demande	1
Réalisation prestations des autres services au niveau du Laminoir	En continu	2
Préparation des bras et des carters de la zone Finissage	En continu	1
Total Moyens Humains		**7**

Tableau 3 **Moyen humain nécessaire pour « Zone Four & Annexe »**

Nature de travail	Fréquence	Moyens humains
Réalisation des prestations des autres services au niveau du Laminoir	Selon Besoin	2
Total Moyens Humains		**2**

Tableau 4 Moyen humain nécessaire pour « Zone mécanique »

Nature de travail	Fréquence	Moyens humains
Préparation des allonges	Selon Planning de Maintenance ou selon Besoin	2
Préparation des supports d'allonges	Selon Planning de Maintenance ou selon Besoin	2
Préparation des manchons	Selon Planning de Maintenance ou selon Besoin	2
Préparation des rouleaux des boucleurs	Selon Planning de Maintenance ou selon Besoin	2
	Total Moyens Humains	**8**

Chapitre 3

Etude critique de la fonction maintenance

III.1. Généralité sur la maintenance

III.1.1. Introduction

La fonction maintenance a été pendant longtemps, considérée comme une fonction secondaire dans l'entreprise entraînant des dépenses non productives. Aussi, se limitait-elle jusqu'au XIXème siècle à des opérations de graissage, de nettoyage et de réparation des pannes. Mais des accidents portant atteinte à la sécurité ont été à l'origine de l'élaboration d'une réglementation des visites des équipements au début du XIXème siècle. Ce genre de maintenance dit "systématique" étant très couteaux a entraîné dans les années soixante la naissance de la maintenance conditionnelle ou "par diagnostique", ainsi que la prise en considération de l'aspect économique et le recours, d'une façon plus accentuée, vers la prévision de la défaillance.

III.1.2. Définition

La maintenance est défini comme étant «d'ensemble des actions permettant de maintenir ou de rétablir un bien dans un état spécifié ou en mesure d'assurer un service déterminé» (norme AFNOR X 60-010). Maintenir, c'est donc effectuer des opérations (dépannage, graissage, visite, réparation, amélioration, vérification, etc.) qui permettent de conserver le potentiel du matériel pour assurer la continuité et la qualité de la production ainsi que la sécurité d'opération.

III.1.3. Objectifs de la maintenance

Les objectifs que la maintenance réalise à travers son organisation, sa gestion et ses interventions, sont très nombreux. Ils peuvent toutefois être groupés en sept axes :

- ➢ La disponibilité ;
- ➢ L'économie ;
- ➢ La qualité ;
- ➢ La durabilité ;
- ➢ La sécurité ;
- ➢ La productivité ;
- ➢ La protection de l'environnement.

III.1.4. Types de la maintenance

La figure 22 présente la classification des types de la maintenance.

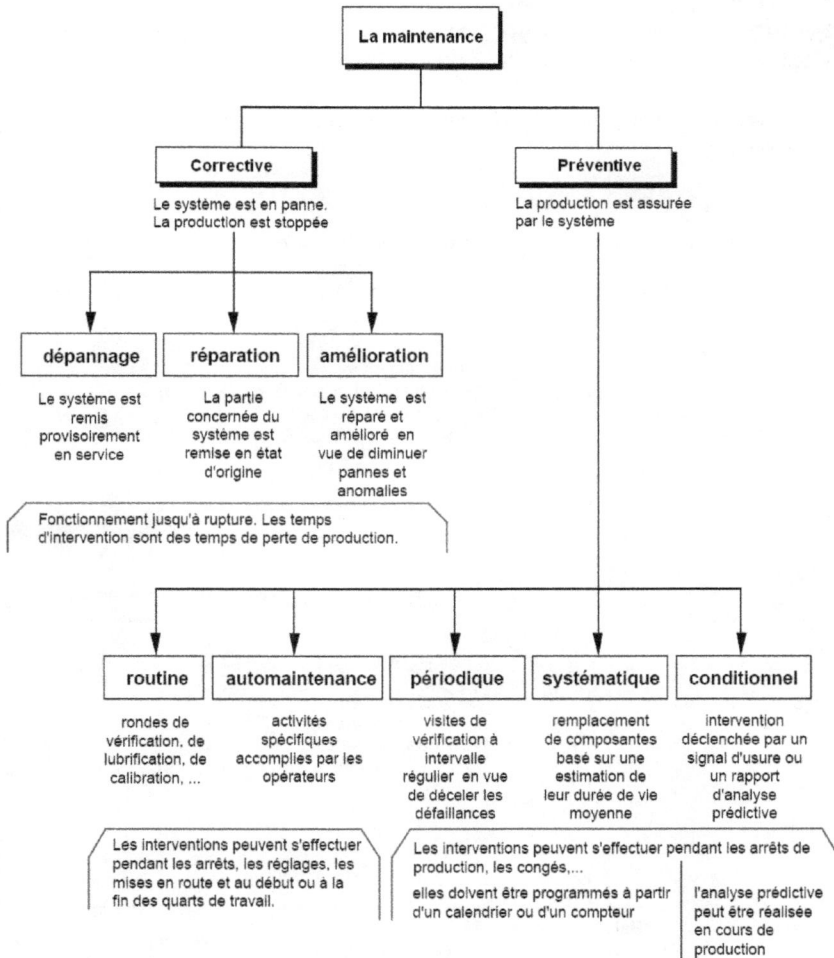

Figure 22 Classification des types de la maintenance.

III.1.5. Critères de choix d'un type de maintenance

La mise en place d'une politique de maintenance conditionnelle / prévisionnelle nécessite une analyse rigoureuse du système de production, des modes de dégradation, des paramètres physiques pertinents, des moyens à mettre en œuvre, des coûts induits, des objectifs en disponibilité et en gain économique, des qualifications du personnel, des réticences des personnels et des conséquences sur l'organisation générale du service.

L'organigramme (figure23) représente la démarche suivie pour le choix d'un type de maintenance :

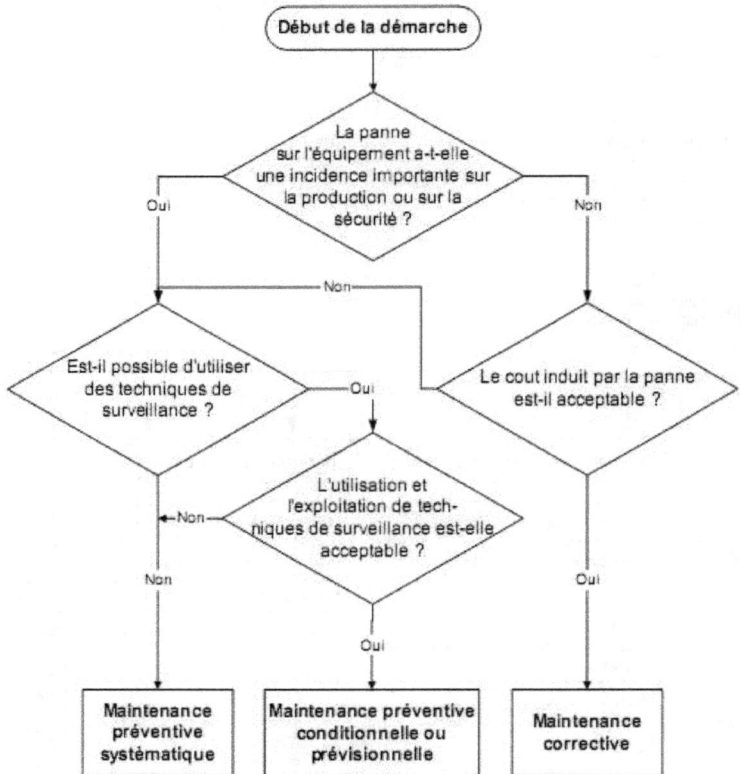

Figure 23 Démarche suivi pour le choix d'un type de maintenance

III.2.Conduite d'un audit de Maintenance :

III.2.1.Généralités :

L'audit de maintenance est un examen méthodique d'une situation relative à une organisation ou à des prestations de maintenance en vue de vérifier la conformité à des règles établies visant à bien maintenir. Il s'effectue en collaboration avec les intéressés –service maintenance- chaque fois qu'il s'agit de changement décidé d'organisation ou pour apporter des améliorations dans la pratique de la maintenance.

III.2.2.Conduite d'un audit de maintenance :

La réalisation de l'audit de maintenance passe généralement par deux phases principales (figure 24) :

➢ Etude diagnostique.
➢ Audit du fonctionnement de la maintenance.

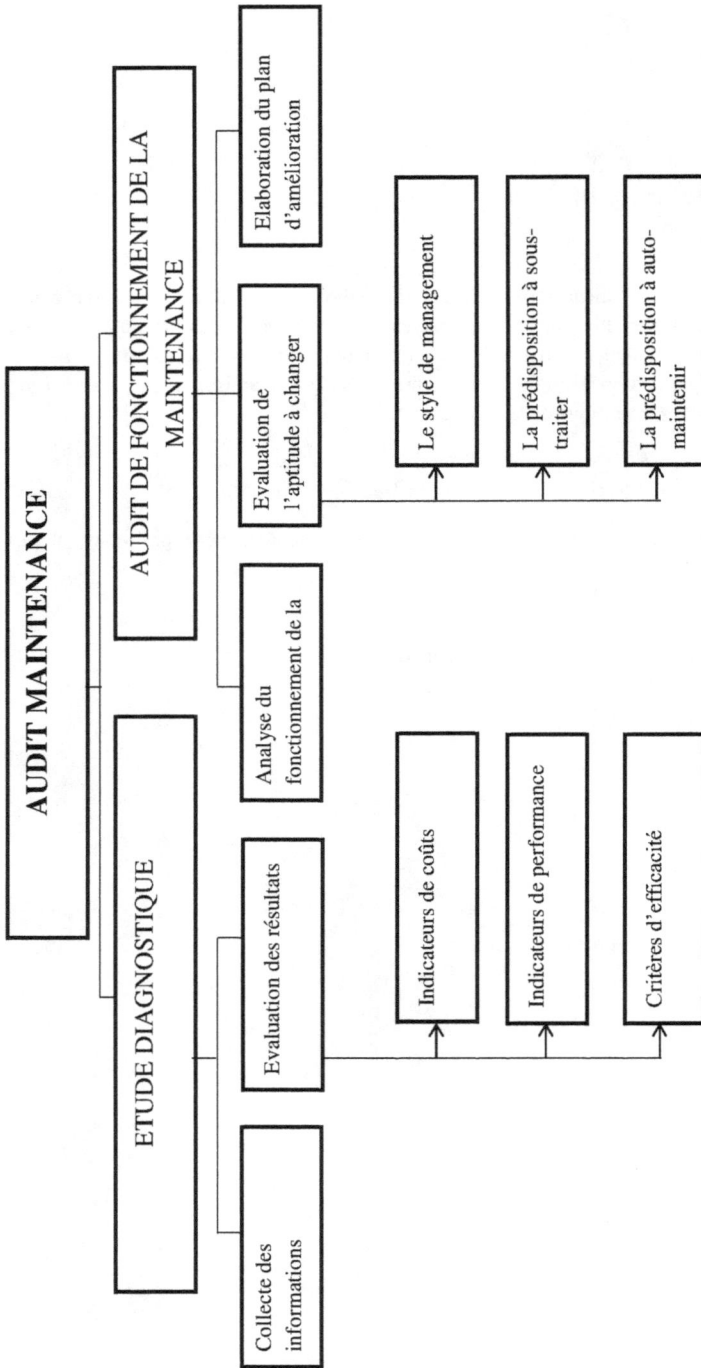

Figure 24 **AUDIT MAINTENANCE**

III.2.3.Etude diagnostique :

La première phase de l'audit est une étude diagnostique qui a pour but de faire le point sur la situation actuelle de la maintenance, mais aussi et surtout de préparer la définition des voies de progrès. L'examen diagnostic doit être mené avec rigueur et méthode en cinq étapes :

III.2.3.1. Collecte des informations sur la maintenance :

Cette première partie consiste à réunir un ensemble d'informations concernant le service maintenance et les Ateliers qui lui sont confiés.

III.2.3.2. Les résultats de la maintenance :

Les résultats de la maintenance sont examinés par le biais de trois types d'indicateurs :

➢ **Indicateurs de couts :**
Ils servent pour apprécier le cout de la maintenance en le comparant à différents couts relatifs à la production

➢ **Indicateurs de performance :**
Ils évaluent les performances de la maintenance qui se mesurent par rapport au client de la maintenance, la production.

➢ **Critères d'efficacité :**
L'efficacité se traduit par l'aptitude du dispositif de maintenance à produire un service au juste prix dans les meilleurs délais et conditions de sécurité, tout en respectant les exigences préfixées.

III.2.3.3.Analyse du fonctionnement de la maintenance :

Cette troisième étape aura pour but de vérifier si l'organisme maintenance et les procédures appliquées sont conformes aux règles de « bien maintenir ».

Pour se faire, nous faisons recours à la méthode du **PROFIL** qui examinera le management de la maintenance selon 12 domaines :

↓ Organisation générale ;
↓ Les méthodes de travail ;

- Le suivi technique des installations ;
- La gestion du portefeuille de travaux ;
- La gestion des pièces de rechange ;
- Les achats de pièces et matières ;
- L'organisation de l'atelier maintenance ;
- Les outillages et appareils de mesure ;
- La documentation technique ;
- Le personnel et formation ;
- La sous-traitance ;
- Le contrôle de l'activité.

Afin d'examiner en entière partie l'ensemble des domaines précités, nous utiliserons un questionnaire comptant 120 questions réparties selon les douze rubriques. Un graphe est établi sur la base du dépouillement de ce questionnaire d'analyse, c'est le profil de la fonction maintenance. Il permet de visualiser les domaines présentant des faiblesses et auxquelles des améliorations doivent être engagées.

III.2.3.4.Evaluer l'aptitude à changer :

Avant d'établir et de remettre en œuvre les réformes, il convient de connaitre le style de l'entreprise dans laquelle la maintenance est exercée. Ce style influencera d'une façon importante l'implantation et la réussite des plans d'amélioration. Il va falloir donc évaluer l'aptitude à changer qui va nous conduire à examiner successivement trois points :

➢ **Le style de management** :

Afin de déterminer ce style, on fait appel à la méthode de **ROGER PLANT** qui repose sur un questionnaire qui doit être dument rempli par des employés de différents niveaux hiérarchiques. Le dépouillement de ce questionnaire positionne le style de management dans l'un des quatre types possibles : style autocratique, bureaucratique, organique et anarchique.

➢ **La prédisposition à auto-maintenir** :

Avant de se lancer dans la nouvelle expérience de la TPM, il convient de savoir si le management et l'organisation générale présentent une tendance favorable ou défavorable à une maintenance réalisé par les équipes de production.
L'évaluation de cette tendance peut être mesurée par la méthode des Grilles de Tendances basée sur un questionnaire approprié.

La prédisposition à sous-traiter :

Cet examen doit permettre de déterminer l'aptitude de l'entreprise à sous-traiter plus ou moins rapidement certains domaines de la maintenance.

L'évaluation de cette prédisposition sera traitée par la même méthode que pour l'auto-maintenance mais en utilisant bien évidemment un questionnaire approprié.

III.2.3.5.Elaboration du plan d'amélioration :

L'élaboration du plan d'amélioration va consister à rapprocher toutes les actions correctives générées par le diagnostic avec les objectifs de la maintenance. Le principe de cette élaboration est schématisé par la figure 25:

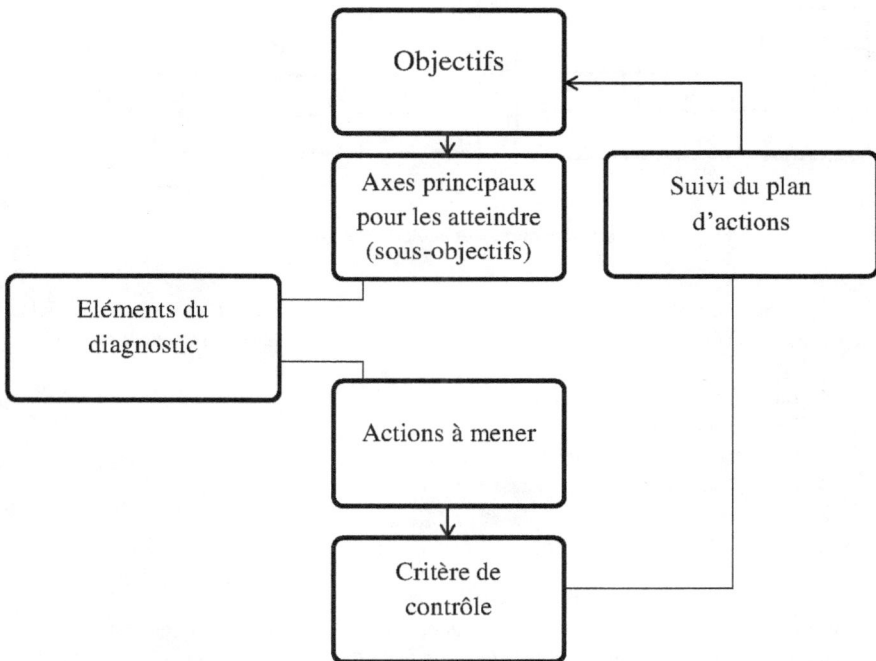

Figure 25 Principe d'élaboration du plan d'amélioration

III.2.4.Audit de Fonctionnement de la Maintenance :

Après avoir effectué l'étude diagnostique, une étude complémentaire rejoint la première et assure la mesure permanente de l'écart entre la situation actuelle et un modèle détaillé de référence : il s'agit là de l'audit de maintenance.

L'audit de maintenance constitue donc un outil efficace pour générer les modifications nécessaires pour touches successives suite à une étude diagnostique déclenchée généralement par une crise de la fonction maintenance.

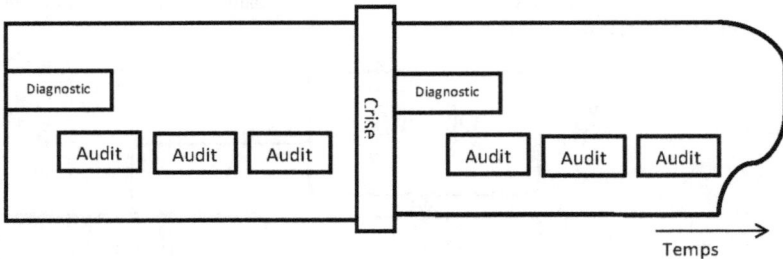

Figure 26 Cycle d'évolution et audit de la maintenance

Cette approche méthodologique de l'audit s'appuie sur un ensemble des fiches regroupant les conditions de bon fonctionnement réparties selon les quatre domaines :

- La politique de maintenance ;
- Le suivi technique des installations ;
- La méthode de maintenance ;
- Les ressources de la maintenance.

III.3. L'ETUDE Diagnostique :

Le chapitre présent consistera en une étude diagnostique du fonctionnement de la maintenance dans le Laminoir, cette étude a pour but de décliner en chiffres qualitatifs la situation actuelle de l'organisation de la fonction maintenance telle qu'elle est assurée par le service maintenance.

III.3.1. Collecte des informations :

III.3.1.1. Répartition du potentiel humain :

Le service de maintenance mécanique comporte (tableau 5) :

Tableau 5 **Service de maintenance mécanique**

Catégorie	Nombre
Chef de service	1
Chef d'atelier	1
Sous-chef d'atelier	0
Contre maitre	Chef d'atelier
Chef d'équipe	Chef d'atelier
Ouvrier	(4 + 4 + 2)=10

III.3.1.2. Gestion des interfaces :

La figure 27 présente la relation du service maintenance avec les autres services.

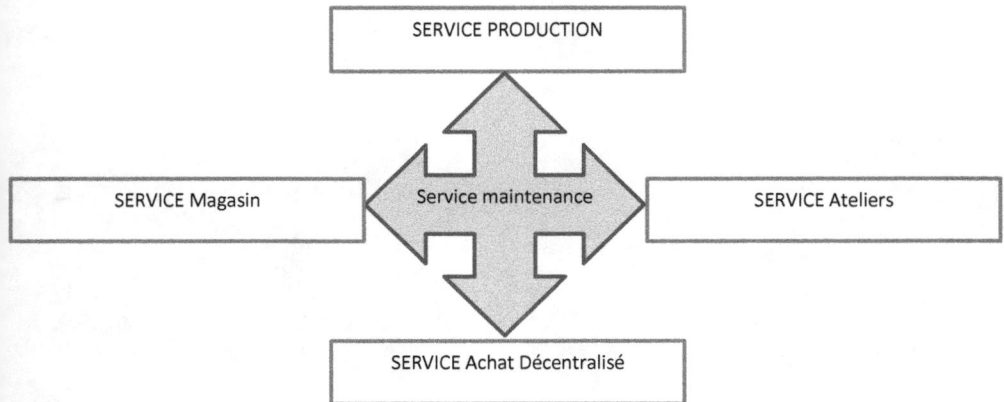

Figure 27 **Relation du service maintenance avec les autres services**

III.3.1.3. Le système d'information dans le service :

Dans cette partie, nous allons présenter des documents au sein du service (avant, pendant et après chaque travail effectué par le service maintenance). Plusieurs procédures administratives sont lancées par les différentes sections fonctionnelles (figure 28), à savoir :

- ➤ Section préparation ;
- ➤ Section approvisionnement ;
- ➤ Section suivi des équipements.

Circuit de Documents :

	Service Production	Bureau de méthode	Preparation	Equipe exécution	Stock	REALISATION Suivi technique	Service Magasin
Elaboration **BTP** & Fiches inspections & demande prestation	V	V					
Réception et Orientation **BTP & BTC & demande prestations**							
Planning + répartition travaux			V				
Vérification			V	V	V		
Elaboration de rapport d'activité (R)					V	V	
Reception equipemet entretenu	V	V				V	
retour imprimés au B.M (BTP+BTC-demande prestation remplie et validée)							
Elaboration: **fiche de reconstitution de stock (OU) DA**					VE		
Emission : **DA** au service Achat					V		
Reception Articles					V	V	
Intervention							V
Elaboration de rapport d'activité						V	
Réception equipement entretenue	V	V					
retour imprimés au B.M (BTP+BTC-demande prestation remplie et validée)		V					

STOCK # 0

STOCK = 0

Figure 28 **Circuit de document**

65

III.3.1.4. Taches du responsable Maintenance :

Les principales taches du responsable maintenance sont données dans le tableau 6 :

Tableau 6 Taches du responsable Maintenance

Activités principales	Résultats attendus
Assurer la bonne marche de l'usine	Réaliser les objectifs de l'entreprise
Instauration de la maintenance conditionnelle	Réduire la maintenance curative
Suivre et améliorer les résultats de la maintenance préventive	Améliorer les performances
Définir les priorités des travaux à effectuer	Réaliser les plans de production
Veiller à la réalisation des objectifs de la société	Rendre la société plus compétitive
S'assurer que le travail se fait d'une façon rapide et efficace	Réduire les temps d'arrêt
Décider des pièces à maintenir en stock	Augmenter la disponibilité de l'installation
Définir les pièces de rechange à approvisionner localement ou importer	Réduire les couts
Responsable de l'alimentation de l'usine en énergie	Assurer la disponibilité des installations et des services
Gérer le budget maintenance	Optimisation des charges de la maintenance
Gérer le niveau de stock de PDR	Assurer le fonctionnement continu des installations
Cibler la formation nécessaire pour que le personnel du service réponde aux besoins de la fonction	Développer la polyvalence
Membre comité TPM	A la recherche de la satisfaction du service production
Veiller à outiller convenablement le service	Augmenter la qualité d'interventions

Les principales taches du contremaitre sont données dans le tableau 7 :

Tableau 7 **Taches du chef d'équipe**

Activités principales	Résultats attendus
Coordonner et organiser les travaux de l'équipe	Assurer la disponibilité de l'installation
Optimiser les interventions sur les équipements, réduire la maintenance curative	Développer la maintenance préventive
Exécuter le plan de maintenance préventive. Préparer les dossiers machines	- Contrôle et maitrise des couts de l'installation - Réduire la maintenance curative
Décider pour les priorités des interventions durant son poste	Réaliser les plans de production
Contact et étroite collaboration avec les contremaitres d'autres ateliers	A la recherche de la satisfaction du client interne
Veille à une consommation optimale des PDR. Etablissement des DA	Réduction des couts
Propose et participe aux modifications pouvant engendrer la réduction des couts et une augmentation du rendement	Augmentation des performances
Suivi de l'activité de son équipe. Proposer le type de formation nécessaire pour les membres de son équipe. Suivi de la disponibilité de l'outillage de tous les membres de son équipe	Augmentation du rendement et de l'efficacité
Participe à l'amélioration des conditions de travail de son équipe. Assure la bonne tenue des ateliers durant sa présence. Etablir les appréciations de son équipe. Contribuer au programme TPM	Augmentation du rendement et efficacité
Participation au groupe de travail. Former son équipe sur les règles de QSE et veiller à appliquer ces règles	Amélioration du niveau de sécurité et hygiène

Les principales taches du technicien de maintenance sont données dans le tableau 8 :

Tableau 8 **Taches du technicien de maintenance**

Activités principales	Résultats attendus
Intervention rapide et efficace sur les équipements à la suite d'une Demande de travail	Améliorer ses performances
Etalonnage et réglage	Améliorer la qualité
Exécution de la maintenance préventive	Réduire les problèmes Améliorer la fiabilité
Intervenir selon la priorité définie par son chef	Pour plus de rentabilité
Dialoguer avec les exploitants des équipements et installations, sensibilisation sur la manière d'utiliser les équipements	Réduire les problèmes. Améliorer la fiabilité
Veiller à une consommation optimale de pièce de rechange	Augmenter l'efficacité
Participer à l'élaboration et l'exécution des nouveaux projets	Développer l'initiative
Propose et participe aux modifications pouvant engendrer des réductions des couts de production	Augmentation des performances
Participe à l'amélioration des conditions de travail	Contribuer aux objectifs de la société
Participe au programme de la TPM	Contribuer aux objectifs de la société

III.3.2. Indicateur de la maintenance

Après avoir récolté un nombre suffisant d'informations sur l'organisation actuelle du service maintenance et celle de ces ateliers, cette deuxième étape consistera à évaluer les résultats de la maintenance effectuée par le service. Pour se faire, nous faisons appel à trois types d'indicateurs :

- ➢ Indicateurs des couts ;
- ➢ Indicateurs de performance ;
- ➢ Critères d'efficacité.

Indicateurs de couts 1:

Pour les indicateurs de couts, seul le prix des PDR sont mentionnés dans les historiques de la maintenance. Le prix de la main d'œuvre et le temps de maintenance ne sont malheureusement pas mentionnés. Ce qui nous a poussé à nous contenter de l'analyse de l'évolution du prix de consommation des PDR consommables (tableau9 et figure 29) des travaux de maintenance mécanique :

<u>Tableau 9</u>   consommation des PDR

Consommation	Allonges	Support d'allonges	Boucleurs	Manchons
Consommation 2010	32 766,01	24322,27	154594,65	321966,19
Consommation 2011	1 228 791,99	971392,09	286 654,86	136939,5
Estimation consommation 2012	703342,88	461424,4	133904,04	106943,72
Consommation 1er trimestre 2012	175 835,72	115356,1	33 476,01	26735,93

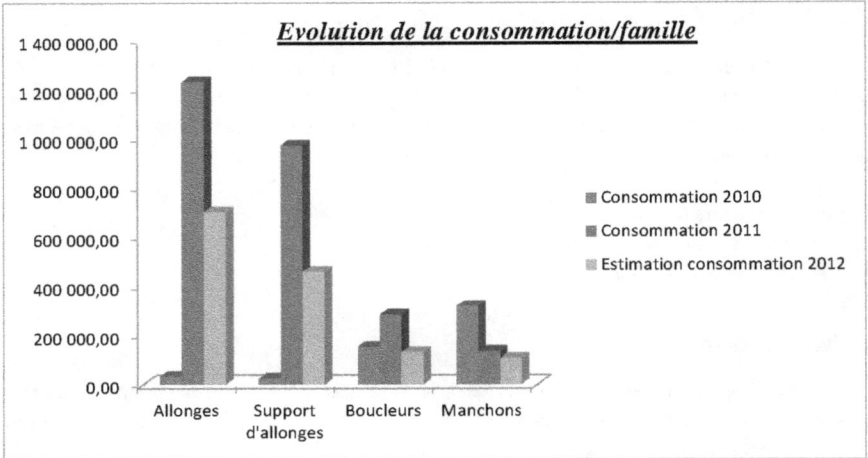

Figure 29 Evolution de la consommation des PDR

D'après la figure ci-dessus, on remarque bien que les prix de consommations des PDR concernant les ensembles « allonge », « support d'allonge » et « boucleurs » ont connu en général une augmentation durant ces 2 dernières années. Cette augmentation pourrait s'expliquer par le vieillissement des installations, chose qui dépasse les efforts fournis par le service Maintenance.

Indicateurs de couts 2:

Dans cette partie, on va discuter le budget consommée par l'ensemble des travaux préventifs mécaniques afin d'analyser les couts de maintenance préventif.

De ce fait, le tonnage perdu est calculé selon la formule suivante :

$$(pannes\ en\ heures) \times \left(nmbre\ de\ \frac{billetes}{heures}\right) \times (coef.de\ conversion) \times (taux\ de\ Rendement) =$$
$$Tonnage\ perdu$$

De ce fait, le tonnage perdu en l'ensemble des arrêts planifiés en 2011 est de __19 470,7 T.__

Le tonnage perdu en l'ensemble des arrêts planifiés du premier trimestre de 2012 est de __5551 T__.

70

Une estimation étalée sur toute l'année 2012 indique de ce tonnage s'élèvera à la grandeur de **16655,96 T**.

On pourra donc constater la quantité importante perdu lors d'une année à raison des arrêts mécaniques planifiés.

On pourrait alors convertir ce tonnage perdu en valeur en ajoutant le facteur du manque à gagner qui s'élève en moyenne à 500 DH/T.

Donc les pertes du aux arrêts mécanique planifiés de l'an 2011 est de **9 735 350 DH.** Ceux de l'an 2012 seront de l'ordre de **8 327 980 DH**.

L'ensemble des arrêts mécaniques planifiés aura généré jusqu'au mois de **MARS 2012** un manque de **12 510 850 DH**.

On remarque dès lors que les pertes dus à l'ensemble de la maintenance systématique au niveau du train de laminage sont à prendre en compte.

Ceci bien sûr n'incluse pas la consommation des PDR, de l'énergie et les couts de la main d'œuvre.

<u>Indicateurs de performance :</u>

Afin d'évaluer les performances du service maintenance (tableau10 et figure30), trois indicateurs sont à examiner :

➢ Le taux de disponibilité du train
➢ Le taux de qualité des billettes
➢ Le Taux de Rendement Global (TRG)

<u>Tableau 10</u> Taux de disponibilité, qualité, (TRG)

Année	Taux de Qualité	Taux de disponibilité	TRG
2011	99.630%	76.020%	76.740%
2012	99.390%	77.510%	76.200%

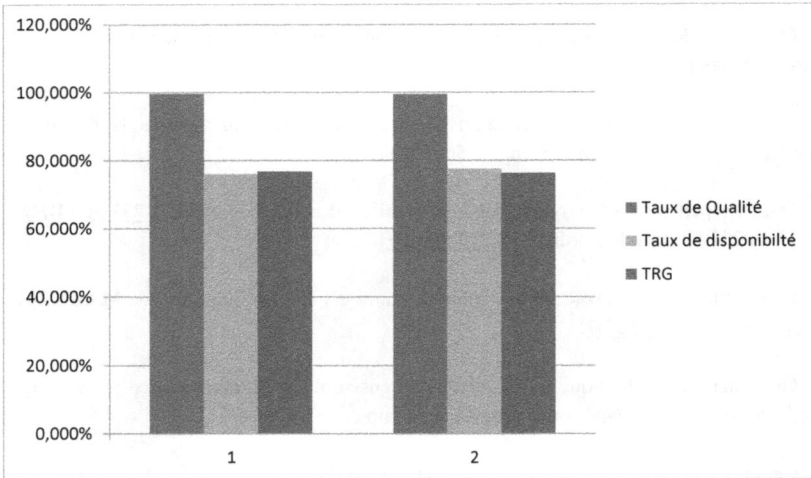

Taux de disponibilité, qualité, (TRG).

D'après la figure ci-dessus, on remarque bien que le service Maintenance a pu assurer une disponibilité toujours supérieure à 70%.

Cependant, on remarque une légère diminution des taux de qualité et du TRG de l'année 2012 par rapport à l'année 2011, ce qui pourra engendrer un manque à produire si on ne trouve pas une solution à ce problème.

Critère d'Efficacité :

On étudiera dans un premier lieu le **Taux de Fiabilité** du Train de Laminage (tableau11) :

Tableau 11   **Taux de Fiabilité du Train**

Année	Taux de Fiabilité du Train
2011	84.00%
2012	81.81%

On remarque que le taux de Fiabilité du 1er trimestre de l'année 2012 est inférieur à celui de l'année 2011. On pourra conclure que cette diminution influence le Taux de Disponibilité du Train.

III.3.3.Analyse du fonctionnement de maintenance :

Nous allons proposer dans cette partie d'analyser le management du service, et pour mener à bien cette étude, nous faisons recours à la méthode du **PROFIL** qui examine le management de la maintenance selon 12 Domaines décrivant, chacun, un volet de l'organisation maintenance.

III.3.3.1. Dépouillement du Questionnaire :

> **L'organisation générale :**

Ce questionnaire évalue les procédures générales d'organisation du service, les règles selon lesquelles sont établi l'organisation et les éléments de la politique du service.

> **Les méthodes de travail :**

Ce questionnaire fait le point sur la préparation du travail avec, en particulier, les estimations des temps et les méthodes d'intervention.

> **Le suivi technique :**

Le suivi technique regroupe toutes les actions d'enregistrement menées en vue de traiter les informations concernant les installations : fiches techniques, modifications d'équipements,….

> **La gestion du portefeuille des travaux :**

Ce questionnaire couvre des demandes de travaux et des plans de maintenance, en particulier, ceux de maintenance préventive.

> **La gestion des pièces de rechange :**

Bien que la gestion de stock soit tenue par le service magasin, la consommation en pièces de rechanges devrait toujours être contrôlée par le service maintenance.

> **Les achats de pièces et matières :**

Il ne s'agit pas ici d'examiner la politique achat de l'entreprise qui, elle aussi tenue par le service achats décentralisés, mais de vérifier si les procédures permettent de s'approvisionner dans de bonnes conditions, auprès des fournisseurs les plus appropriés.

> **L'organisation de l'atelier :**

De nombreuses tâches sont réalisées en atelier chaque jour, donc nous cherchons à travers ce questionnaire si celui-ci offre des postes de travail bien équipés, des conditions et un espace de travail souhaités.

> **Les outillages :**

Soucieux d'avoir une maintenance de mieux en mieux outillée et disposant de nombreux moyens de manutention, nous élaborons ce questionnaire qui évaluera l'organisation et la gestion de l'outillage dont dispose le service.

> **Documentation technique :**

La documentation technique (d'exploitation et de maintenance) doit répondre à toute une série de prescriptions destinées à permettre au service, qui a à intervenir sur un parc très varié d'équipements industriels, une centralisation, une tenue à jour et une exploitation plus aisée de cette documentation.

> **Le personnel et la formation :**

Suivant la règle américaine de gestion dite la règle des **4 M** (MEN, MEANS, MONEY, MARKET), présentant les points essentiels dont dépend la santé d'une entreprise, ce sont les hommes qui constituent le facteur le plus important dans l'entreprise. Ce questionnaire balaye les volets qui permettent d'utiliser au mieux les capacités potentielles des hommes.

> **La sous-traitance :**

La mutation la plus délicate qui s'opère en ce moment est ce basculement vers la sous-traitance de la maintenance. Si elle est difficile, elle n'en est pas moins passionnante. Est-on prêt ? A-t-on de bons contrats ? Evalue-t-on les sous-traitants ?

Le contrôle de l'activité :

Pour gouverner au mieux la maintenance, le service doit lettre en jeu des outils qui ont fait preuve de leur efficacité, à savoir : tableaux de bord, comptes rendus, rapports d'activité, etc....

III.3.3.2. Profil de la maintenance :

Nous récapitulons les scores des différents domaines étudiés puis nous calculons le niveau moyen du fonctionnement de la maintenance donnée par la moyenne des scores (tableau 12).

Tableau 12   niveau moyen du fonctionnement de la maintenance

Domaines analysés	Scores obtenus	Max. Possible	Pourcentage
a- Organisation générale	220	250	88%
b- Méthode de travail	215	250	86%
c- Suivi Technique des équipements	145	250	58%
d- Gestion du portefeuille de travaux	255	300	85%
e- Stock et pièces de rechange	175	200	88%
f- Achat et approvisionnement des pièces et matières	160	200	80%
g- Organisation matérielle de l'atelier maintenance	100	200	50%
h- Outillages	125	200	63%
i- Documentation technique	150	200	75%
J- Personnel et formation	285	400	71%
K- Sous-traitance	200	250	80%
l- Contrôle de l'activité	220	300	73%
Score TOTAL	2250	3000	75%

Remarque :

Le poids de chacun des douze domaines est différent, celui du personnel étant bien entendu le plus important.

Partant de ce tableau, nous pouvons identifier six domaines ayant des scores inférieurs à 80 %.

Pour mieux visualiser ce constat, les scores obtenus peuvent être présentés sous forme de graphique (figure31).

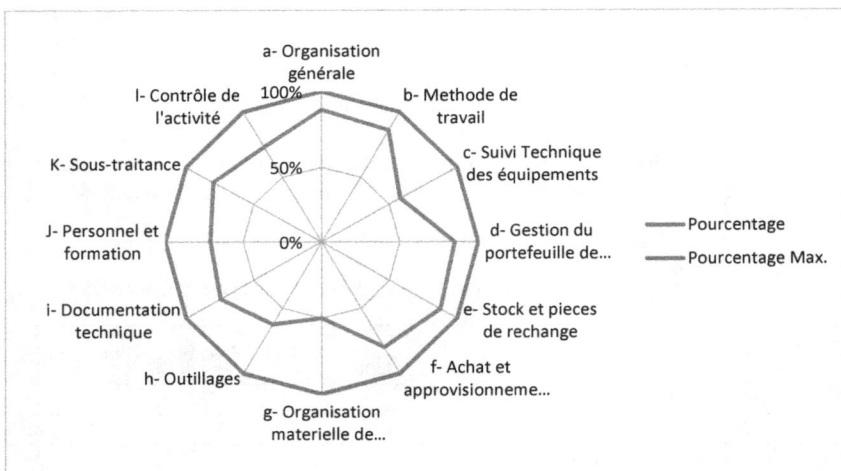

Figure 31 : **Le tracé du profil de la maintenance**

Les domaines présentant des faiblesses et sur lesquels des progrès peuvent et doivent être réalisés, et ils sont en ordre de priorité :

> ➢ Organisation matérielle de l'atelier de maintenance ;
> ➢ Suivi technique des équipements ;
> ➢ Outillages ;
> ➢ Personnel et Formation ;
> ➢ Contrôle de l'activité ;
> ➢ Documentation technique.

La recherche et l'élimination de carences sur ces domaines vont constituer une priorité dans tout projet d'amélioration de la maintenance.

III.3.4.Elaboration du plan d'amélioration :

Nous proposerons dans cette partie d'examiner successivement les voies à emprunter pour le changement et les principes d'établissement du plan d'amélioration.

III.3.4.1.Evaluer l'aptitude à changer :

Avant d'établir et de mettre en œuvre les réformes, il faut évaluer l'aptitude à changer qui va nous conduire à examiner successivement trois points :

➢ Le style de management ;
➢ La prédisposition à auto-maintenir ;
➢ La prédisposition à sous-traiter.

III.3.4.1.1. Le style de management :

Nous utiliserons la méthode de **ROGER PLANT** pour analyser ce style. Ainsi un questionnaire est rempli par les différentes personnes du service, et les réponses formulées permettent de mesurer les niveaux d'intégration et de permissivité perçus par chaque personne interrogée.

Par la suite nous obtenons, pour chaque personne interrogée, un point ayant les totaux des notes « I » et « P » comme coordonnées.

Les points résultants du dépouillement sont à positionner sur la figure32.

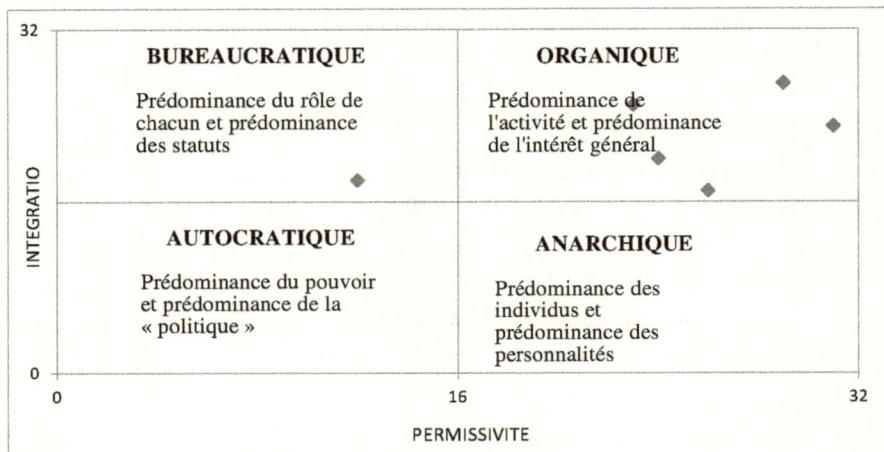

Figure 32 **Style de management**

Nous constatons bien que le nuage de points obtenu se positionne, en grande partie, dans le quadrant correspondant au style de management organique, un style caractérisé par une grande intégration du personnel dans l'entreprise et par l'importante permissivité qu'elle procure.

III.3.4.1.2. La prédisposition à auto-maintenir :

L'exigence de compétitivité oblige aujourd'hui les entreprises à développer tous leurs gisements de productivité, ce qui nécessite une exploitation de l'outil de production avec le double souci de l'économie et de la sécurité.

C'est dans cette conjoncture qu'apparait la Totale Productive Maintenance (TPM), un atout pour la rénovation et la promotion de la production. Cependant nous devons souligner que l'application de la TPM n'est pas facile, car il faut se départir de la fonction maintenance gérée par un seul service à la TPM qui concentre l'ensemble de l'entreprise. Le problème qui se passe donc est de savoir si cette dernière va éprouver ou non des difficultés dans le processus d'implantation et de développement de l'auto-maintenance.

Pour répondre à cette question, nous utilisons une grille d'analyse sous forme d'un questionnaire.

Cette méthode de grille de tendance prévoit un tableau (tableau 13) de synthèse classant les rubriques du questionnaire en trois catégories de tendances : très favorable, favorable et défavorable.

Tableau 13 Synthèse de prédisposition à Auto-maintenir

	Profil des Tendances			Intervalle
	Défavorable	favorable	Très favorable	Tendance Favorable
Management usine		▦		13 à 18
Contexte production		▦		9 à 13
Technicité du pole laminoir		▦		9 à 13
Relation production / maintenance		▦		10 à 14
Hommes de production	▦			15 à 19
Hommes de maintenance		▦		11 à 18
Méthodes de maintenance			▦	11 à 15

Score Auto-maintenance

Tendance Défavorable (0 à 77)	
Tendance favorable (78 à 110)	▦
Tendance très favorable (111 à 150)	

En général, la tendance à l'implantation et du travail à la TPM sont favorables.

III.3.4.1.3.La prédisposition à sous-traiter :

Les structures de la maintenance s'allègent. A cela trois raisons :

➢ L'évolution technologique
➢ La nécessité d'être compétitif
➢ La polyvalence dans la formation des hommes

Donc les entreprises ont de plus en plus tendance à sous-traiter leurs travaux de maintenance, mais, et comme nous l'avons expliqué pour la TPM, l'entreprise doit présenter cette aptitude de préconiser la sous-traitance sans que ceci s'oppose à sa politique de maintenance.

L'évaluation de la prédisposition à la sous-traitance est traitée de la même façon que pour l'auto-maintenance mais en utilisant bien évidemment un questionnaire approprié.

Comme pour la prédisposition à l'auto-maintenance, nous présentons le tableau (tableau 14) de synthèse qualifiant les différentes rubriques du questionnaire en trois catégories de tendance : très favorable, favorable et défavorable.

Tableau 14 Synthèse de prédisposition à Sous-traiter

	Profil des Tendances			Intervalle
	Défavorable	favorable	Très favorable	Tendance Favorable
Contexte production				9 à 13
Technicité du pole laminoir				10 à 14
Position maintenance				9 à 13
Organisation maintenance				13 à 17
Performance maintenance				6 à 9
Personnel intervenant				9 à 13
Sous-traitance actuelle				8 à 11
Environnement industriel				8 à 11
Score Sous-traitance				
Tendance Défavorable (0 à 71)				
Tendance favorable (72 à 102)				
Tendance très favorable (103 à 147)				

Encore une fois, cette analyse nous révèle que l'aptitude du service maintenance à sous-traiter certains de ces travaux est favorable.

La figure33 présente La répartition des politiques de maintenance

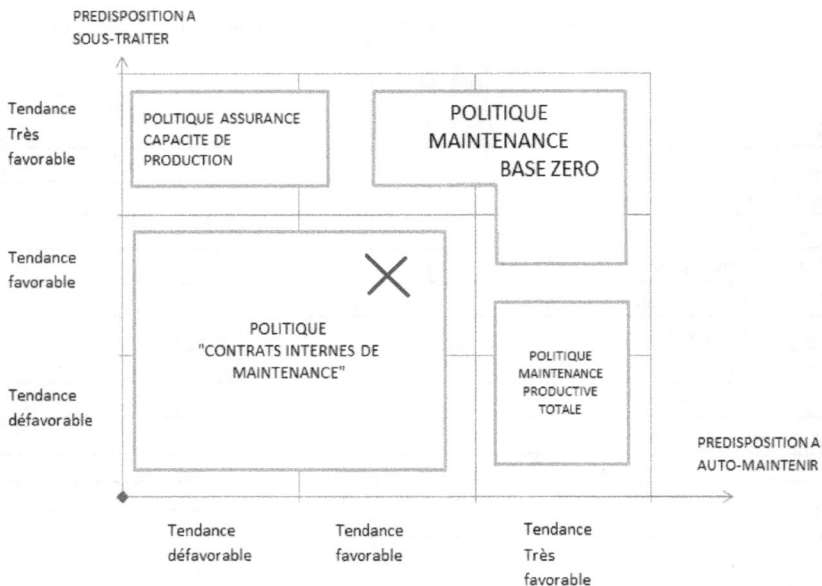

Figure 33 **La répartition des politiques de maintenance**

D'après la figure, la politique « contrats Internes de maintenance » s'approprie bien à l'état des prédispositions du service maintenance du Laminoir.

Cette stratégie consistera à formaliser la relation entre le service production et celui de maintenance par des contrats internes annuels. Ces contrats favorisent d'avantage le dialogue et les modalités de mise en œuvre de réformes au coup par coup en fonction des problèmes rencontrés par la production.

III.3.5.Le plan d'amélioration :

L'étude diagnostique réalisée dans ce chapitre de l'audit de maintenance nous a permis d'identifier un certain nombre de domaines défaillants. Le plan d'amélioration consistera donc à dégager un ensemble d'actions correctives relatives à ces domaines afin d'améliorer la fonction maintenance. Ces actions seront traitées sous formes de points répartis selon les différents domaines avec défaillances.

Dans un premier lieu, l'analyse du fonctionnement de la maintenance nous a permis d'identifier six domaines prioritaires pour engager des améliorations :

➢ **Organisation matérielle de l'atelier de maintenance**

- o Fixer et contrôler les objectifs du service ;
- o Munir le service production ou tout autre service auxiliaire de consignes de maintenance et de sécurité de routine ;
- o Augmenter l'effectif du personnel.

➢ **Suivi technique des équipements**

- o Former des groupes de travail constitué d'homme de maintenance et de production ainsi que d'opérateurs pour assurer le suivi des équipements, résoudre les problèmes et les défaillances rencontrées.
- o Utiliser des outils de fiabilité et de maintenabilité afin de suivre l'état de chaque équipement.

➢ **Outillages**

- o Disposer d'un nombre suffisant et disponible d'outils standards pour les interventions quotidiennes ;
- o Disposer d'un nombre suffisant et disponible d'outil de test pour mieux pratiquer la maintenance conditionnelle ;
- o Organiser l'utilisation de ces outils par des processus écrits de mise à disposition et d'utilisation ;
- o Disposer de moyens de manutention suffisants et disponibles.

➢ **Personnel et Formation**

- o Suivre les qualifications et habilitations du personnel par des entretiens annuels d'appréciations ;
- o Développer l'initiative personnelle ;

o   Adapter les formations aux besoins réels du service.

➢ **Contrôle de l'activité**

o   Utiliser ou optimiser l'utilisation des outils informatiques pour maitriser la charge de travail et pour mieux gérer les couts de la maintenance ;
o   Disposer d'un tableau de bord pour décider des actions correctives à entreprendre ;
o   Emmètre un compte rendu mensuel et annuel des activités et en discuter les points.

➢ **Documentation technique**

o   Disposer d'une documentation technique générale et accessible ;
o   Exiger un travail normé et sous procédures des sous-traitants et fournisseurs ;
o   Améliorer les moyens de reprographie, de classement et d'archivage.

Dans un second lieu, l'évaluation de l'aptitude à changer nous a fait savoir que le service et son entourage présentent une bonne prédisposition à l'auto-maintenance et à la sous-traitance.

L'importance de ces deux volets de la maintenance nous pousse à les faire évoluer au sein du service de façon progressive. La stratégie de maintenance qu'il faudra adopter est une politique de « contrats internes de maintenance » basée sur des contrats annuels regroupant les besoins de la production établis selon les problèmes rencontrés.

III.4. L'audit de maintenance

Dans la partie précédente, nous avons fait une étude diagnostique de la fonction maintenance telle qu'elle est assurée par le service maintenance du laminoir, ce qui nous a permis de déterminer les axes de mouvement dans lesquels doit s'engager le service, à savoir :

➢ Organisation matérielle de l'atelier de maintenance ;
➢ Suivi technique des équipements ;
➢ Outillages ;
➢ Personnel et Formation ;
➢ Contrôle de l'activité ;
➢ Documentation technique.

Dans la démarche DIAGNOSTIC, la référence à un modèle ou à une norme n'existe peu, voire pas du tout, d'où son insuffisance. Une démarche complémentaire de comparaison de la situation actuelle à un modèle détaillé de référence doit être menée pour identifier précisément les actions correctives à apporter : il s'agit de l'audit MAINTENANCE.

III.4.1.Résultats et recommandations :

Basée sur 17 fiches, la méthode AUDIMAINT (tableau15) se veut interactive et présente les actions nécessaires pour combler les différences entre le niveau actuel et le niveau visé dans un délai minime.

Tableau 15   **Résultats de L'audit de maintenance « AUDIMAINT »**

Domaine	Rubrique	Niveau Actuel	Niveau Visé
La politique de maintenance	Les objectifs de la maintenance	7.5/11	11/11
	La sous-traiter	6.5/8	8/8
	La relation avec la production	8/11	11/11
	le système de gestion	8.5/10	10/10
Le suivi des équipements	les installations nouvelles	2/5	5/5
	le suivi technique	6.5/10	10/10
Les méthodes de maintenance	Le dépannage	6.5/9	9/9
	la maintenance préventive	8/9	9/9
	la préparation du travail	6.5/9	9/9
	le lancement des travaux	6/6	6/6
	la charge de travail	6.5/9	9/9
	la TPM	4/7	7/7
Les ressources de la maintenance	l'atelier de maintenance	4.5/5	5/5
	le personnel de maintenance	8.5/9	9/9
	les outillages	6.5/9	9/9
	la documentation	7.5/10	10/10
	les pièces de rechange	8/10	10/10

Dans ce qui suit, nous présenterons, pour chaque domaine, les recommandations nécessaires pour aller de l'avant.

III.4.2. La politique de la maintenance :

III.4.2.1. Les objectifs du service maintenance :

Sans projet, sans visée à atteindre, la maintenance s'enferme dans une routine, dans des habitudes difficiles à déloger. Nous examinons ici si le service maintenance assume bien les principaux objectifs de la maintenance.

Les recommandations :

- ➢ Considérer le « zéro panne » comme un objectif incontestable :
  - o Eliminer progressivement les facteurs générateurs de pannes ;
  - o Analyser l'historique de chaque machine défaillante pour une plus grande efficacité d'intervention.
  - o Faire débarrasser la contribution à un meilleur rendement des installations de toute retenue relationnelle ou organisationnelle.

- ➢ A service rendu égal, diminuer d'année en année le cout de maintenance.
  - o Mettre le budget de la maintenance sous haute surveillance ;
  - o Suivre annuellement l'évolution des indicateurs de couts ;
  - o Assurer un niveau de prestation (rapidité, justesse, pas de défauts,...) en conformité avec les exigences du service production (fiabilité, disponibilité,...)

III.4.2.2. La sous-traitance :

Faire, c'est bien ! Faire faire, c'est mieux ! Le service maintenance va progressivement céder ses prérogatives d'exécutant au profit des sous-traitants. Il doit porter la promotion de la sous-traitance.

Les recommandations :

- ➢ Disposer d'une démarche formalisée d'évolution vers la sous-traitance
  - o Elaborer un projet d'évolution vers la sous-traitance et l'inscrire dans une politique cohérente ;
  - o Décliner en chiffres la triple recherche permanente de l'entreprise :
    - rentabilité : limiter les effectifs ;
    - efficacité : ressources utilisées de manière continue
    - utilité : personnel se consacrant au produit.
  - o Organiser la dépendance aux sous-traitants pour mieux la gérer.

> Sous-traiter avec méthode :
>   o Sous-traiter sans autant dégrader la productivité des agents de maintenance
>   o Faire pour chaque type d'intervention le choix entre « faire » et « faire faire » en évaluant les atouts de chacune des deux solutions.

III.4.2.3. la relation avec la production :

Pour améliorer l'organisation de la maintenance, on doit faire participer à cette organisation d'autres fonctions qui ont plus ou moins une influence sur la gestion de la maintenance. La production est bien évidemment la fonction la plus proche du service maintenance : elle est en fait sa raison d'être.

<u>Les recommandations :</u>

> Abolir la frontière Production / Maintenance
>   o Associer les efforts dans la recherche du meilleur rendement de l'outil de production ;
>   o S'entraider dans le cadre de projets communs ayant pour thèmes l'élimination des défauts de conception

> Faire évoluer l'état d'esprit :
>   o Faire entendre le message de la philosophie de la TPM : « tout homme de l'entreprise est un homme de maintenance ».
>   o Combattre l'image du « dépanneur-superman » qui sait tout et qui n'a besoin de personne pour résoudre un problème ;
>   o Constituer une équipe mixte dans laquelle chacun apporte ses connaissances, ses expériences et ses idées.

> Organiser la relation production / maintenance
>   o Codifier les échanges par l'intermédiaire des contrats internes de maintenance définissant les résultats à atteindre et les modalités prévues pour y arriver ;
>   o Etablir un rapport d'activité mensuel précisant les niveaux de performance atteints et les difficultés rencontrées ;
>   o La liaison avec le service production doit s'appuyer encore sur des réunions hebdomadaires pour finaliser les plannings des interventions en instance.

III.4.2.4.le système de gestion :

Même si sa première mission est probablement de repérer où et comment on dépense, le contrôle de gestion est plus large que cela : il couvre la maitrise des informations concernant la maintenance et son efficacité et ce par rapport à des objectifs précis et des programmes dument élaborés.

Les recommandations :

> Maitriser le suivi budgétaire :
> - o Prévoir les dépenses associées à des programmes de travaux pour lesquels des moyens sont prédéfinis ;
> - o Etablir des budgets compatibles avec les moyens disponibles, humains principalement ;
> - o Une bonne connaissance de la répartition des dépenses est essentielle.

Nous retiendrons la répartition tridimensionnelle suivante :
- ▪ Nature des dépenses : les frais de PDR et fourniture, les frais de main d'œuvre et les frais liés à d'autres service et des sous-traitants.
- ▪ nature des travaux : conditionnels, préventifs ou palliatifs.
- ▪ Destination des dépenses : les services auxquels les engagements de dépenses sont imputés.

> Contrôler les couts de maintenance
> - o Enregistrer les éléments des couts pour les interventions et les équipements ;
> - o Faire le récapitulatif annuel des couts.

> Piloter l'activité par l'intermédiaire de tableaux de bord personnalisés :
> - o Faciliter la prise des décisions en utilisant des indicateurs appropriés.

> Organiser le système d'information :
> - o Améliorer le système d'enregistrement des bons des travaux (BTP & BTC) ;
> - o Sensibiliser les chefs d'équipes à l'importance des rapports journaliers seule source d'informations dont le service dispose pour constituer les dossiers historiques et par la suite élaborer les rapports d'activité.

III.4.2.5. les installations nouvelles :

Les recommandations

> Faire impliquer la fonction maintenance à tous les stades de l'acquisition d'installations nouvelles :
> - o Très en amont, dans la définition des dotations en pièces de rechange, ce qui est un moyen de vérifier et valider la conception ;

- o Dans la définition des plans de maintenance préventive, ce qui est une nécessité pour vérifier et valider la maintenabilité de l'équipement acheté ;
- o Dans l'installation des équipements pour connaitre et maitriser les techniques d'intervention sur celui-ci

➢ Fournir les documents historiques sur la vie des équipements :
  - o Fiabilité, disponibilité, cout de maintenance, pièces d'usures, etc…
  - o Calculer le cout global du cycle de vie « life cycle cost » pour déterminer la date limite au-delà de laquelle l'équipement est à rénover.

III.4.2.6. le suivi technique :

Le suivi technique des installations constitue la base de toute politique améliorative, et récapitule l'expérience des interventions.

Les recommandations :

Pour mieux gérer le flux d'informations, il faut disposer d'un système d'enregistrement efficace, et pour mieux intervenir sur un équipement il faut analyser son dossier historique, donc l'effort est à mener sur les deux fronts : l'enregistrement et l'analyse.

➢ L'enregistrement :
  - o Centraliser le flux des informations vers la section suivi technique ;
  - o Améliorer le système d'enregistrement des BT ;
  - o Faire introduire l'établissement des RJ dans les attributions fonctionnelles des chefs d'équipes ;
  - o Sensibiliser les chefs d'équipes à l'importance d'un rapport journalier correctement et dument rempli.

➢ L'analyse :
  - o La section suivi technique se charge de l'exploitation des rapports journaliers (RJ) pour établir des dossiers historiques constitués de consommation en pièces de rechange, productivité du personnel, …
  - o Les chefs du service doivent assurer une analyse périodique des dossiers historiques ;
  - o L'établissement du rapport d'activité doit donner l'occasion à une réunion interne pour présenter l'analyse des dossiers historiques et tracer les voies de progrès.

III.4.2.7. le dépannage :

Les pannes entrainent une dégradation de la disponibilité et la durée de vie du matériel et se traduisent par :

- Un cout indirect de maintenance
- Un cout direct de maintenance
- Une dégradation dans le climat de travail.

Les recommandations :

Pour atteindre le niveau visé, il faut :

➢ Mettre en œuvre un traitement rationnel des pannes :
  o Elaborer des aides au diagnostic de pannes : listes des pannes et vérification à effectuer, grilles des dysfonctionnements,…
  o Consulter la documentation (technique et historique) de l'équipement défaillant avant l'intervention.

➢ Adopter des mesures anti-pannes :
  o Chaque panne doit nous donner l'occasion exceptionnelle d'avancer d'un pas pour son élimination ;
  o Capitaliser l'expérience des exécutants (chefs d'équipes) à travers des rapports journaliers (RJ) correctement remplis ;
  o Faire respecter les conditions d'utilisations
  o Améliorer les points faibles de la conception des équipements.

III.4.2.8. la maintenance préventive :

Les recommandations :

Afin d'améliorer sa position de maintenance préventive, le service maintenance doit élaborer le plan du préventif et l'appliquer minutieusement.

➢ Lancer les visites de manière motivante :
  o Etablir un plan de maintenance préventive selon un échéancier prévisionnel annuel qui est à respecter ;
  o Etablir les fiches de visite qui doivent être soigneusement remplies ;
  o Essayer de mieux contrôler les vibrations.

III.4.2.9. la préparation au travail :

Le but premier de la préparation au travail en maintenance est d'éviter les pertes de temps en cours d'exécution d'un travail, cela se traduit immédiatement par une diminution du cout direct des travaux.

Les recommandations :

Pour améliorer l'état actuel de la préparation des travaux, nous proposons de :

➤ Clarifier les divers types de préparations :
- o Une préparation écrite est obligatoire pour : les travaux importants en nombres d'heures, les travaux nécessitant un arrêt de la production et les travaux répétitifs ;
- o Elaborer des gammes d'intervention pour les travaux les plus fréquents ;
- o Ne pas perdre de vu la sécurité pendant la préparation à une intervention.

➤ Disposer d'outils formels de préparation :
- o Une bonne gestion des Bons de Travaux (BT) doit faire gagner du temps d'intervention : urgence, délai de réalisation, disponibilité des pièces de rechange ou d'outillages spéciaux, etc...
- o Faire préciser les besoins exacts du service production : délai, niveau de qualité requis, etc....
- o Se rendre compte des difficultés sur place et prévoir les actions qui faciliteront ultérieurement la maintenance : protection, accès, etc....
- o Informer et impliquer les différents services concernés ;
- o Evaluer le temps d'intervention par :
  - ▪ La comparaison à un travail similaire réalisé précédemment ;
  - ▪ L'interpolation entre deux taches semblables, l'une de moindre et l'autre de plus grande importance (méthode des travaux types).

III.4.2.10. le lancement des travaux :

Après la préparation de l'intervention, le lancement des travaux influe, lui aussi, sur l'efficacité de la fonction maintenance.

Les recommandations :

➤ Classifier et orienter convenablement les Bons des Travaux (BT) :
- o Par urgence ;

- o   Par secteur de production (ligne ou diamètre de production) ;
- o   Par nature de travail : palliatif, correctif, préventif ou conditionnel.

- ➢   Lancer les travaux sur la base d'un planning :
    - o   Les réunions sont un moyen efficace pour résoudre les problèmes d'ordonnancement ;
    - o   Les plannings sont à respecter, mais dans un cas échéant, il faut immédiatement les actualiser.

III.4.2.11. la charge de travail :

Dans tout service maintenance abondent les activités variées qui ne peuvent se réaliser et se coordonner efficacement sans plan. On dit que les plannings en maintenance ne marchent pas car il y'a trop d'imprévus et que, à peine élaborés, ils sont bouleversés par un flot de demandes inattendues.

Les recommandations :

L'effort en matière de planification est sans doute celui qui apporte de bénéfices à court terme.

- ➢   Structurer la planification des travaux :
    - o   Annoncer et tenir les délais des interventions ;
    - o   S'approvisionner dans les meilleurs conditions ;
    - o   Utiliser de manière optimale les moyens humains et matériels dont le service dispose ;
    - o   Sous-traiter à bon escient.

- ➢   Surveiller la charge par l'intermédiaire d'un ordonnancement rigoureux :
    - o   Enregistrer et tenir à jour la liste de tous les travaux à réaliser ;
    - o   Appréhender les contraintes pour toute intervention ;
    - o   Estimer les durées et coordinations interservices à assurer ;
    - o   Echelonner l'exécution des travaux en fonction de priorités données à chacun selon des critères objectifs.

III.4.2.12. la Totale Productive Maintenance (TPM):

La TPM est une démarche révolutionnaire modifiant les idées et les comportements pour améliorer l'état des installations. Les responsables des services désirant l'appliquer, doivent être prêts à investir du temps et du travail supplémentaire.

Conscient de l'importance de la TPM pour la promotion de la fonction maintenance, le service MMJ affiche sa volonté de l'instaurer dans sa politique comme le montre la fiche d'audit.

Les recommandations :

La fiche d'audit de la TPM montre clairement que le service n'a fait, à ce moment, que des pas timides vers la TPM et il lui faut encore beaucoup d'efforts pour atteindre le niveau visé.

➢ Plus que les rubriques déjà auditées, la TPM n'est pas une affaire du service maintenance tout seul, mais elle est une préoccupation qui doit concerner tous les services de l'usine qui doivent être mis à contribution.
➢ Comme nous l'avons déjà souligné lors de l'analyse de la prédisposition du service à l'auto-maintenance, l'implantation de la méthode TPM dans le management du service doit figurer dans la politique du MMJ, et ce vus la vigilance, la prudence, la patience et bien évidement la marge de pouvoir qu'elle procure.
➢ Pour le lancement d'un programme TPM, l'information et la motivation du personnel doivent faire l'objet de divers séminaires auxquels participent les directeurs puis les chefs des services et les techniciens.

III.4.2.13. l'atelier de maintenance :

Cette partie a été traitée dans le premier chapitre de notre projet. Cependant, toute personne voulant accéder au bâtiment du service passe devant ou près de l'atelier, donc elle peut évaluer l'état d'organisation de cet espace. La fiche d'audit correspondante en évalue l'état.

Les recommandations :

➢ Veiller sur l'ordre et la propreté, ils sont des choix de mise :
    o Responsabiliser les agents exécutants via des contrôles inopinés faits par les contremaitres ;
    o Faire introduire l'ordre et la propreté dans les critères de notation des agents ;

o   Des affiches de sensibilisation sont souhaitables.

> Donner de l'importance au stockage :
    o   Stocker, c'est bon. Stocker avec soin, c'est mieux !;
    o   Distinguer la matériel utilisable de celui à jeter ;
    o   Utiliser les critères « consommable », « non consommable » et « stratégique »
        dans la gestion du stock.

III.4.2.14. le personnel de maintenance :

Dans la situation actuelle d'âpre concurrence, l'intérêt général commande d'utiliser au mieux dans l'entreprise les capacités potentielles des hommes, la survie des entreprises risque même d'en dépendre.

L'évolution technologique et la diversité des tâches incombant au service nécessitant des équipes de maintenance performantes. La fiche d'audit présente l'état de performance du personnel du service ainsi que l'écart qui est à combler.

Les recommandations :

> Appliquer, au niveau du service, une véritable politique d'évolution de carrière :
    o   Apprécier la motivation des agents par des entretiens individuels ;
    o   Communiquer à la direction un plan annuel de formation équitablement
        élaboré ;
    o   Afficher haut et fort les critères de qualification adoptés par le chef du service ;
    o   Défendre les intérêts des agents auprès de la direction, si besoin.

> Œuvrer sur un axe d'efficacité qui est la communication :
    o   Rendre la communication plus efficace à tous les niveaux hiérarchiques et
        qu'elle s'effectue à deux sens ;
    o   Opter pour des réunions périodiques ;
    o   Faire élargir le système formel de l'information au détriment du système
        informel ;
    o   Combattre les retenues relationnelles qui donnent une ambiance défavorisant
        l'expression.

III.4.2.15. les outillages :

Les recommandations :

Pour plus d'efficacité dans les interventions, les agents de maintenance doivent disposer de tous les outils nécessaires pour leurs interventions.

- ➤ Exiger une dotation complète en outillage ;
- ➤ Etablir un inventaire complet et régulièrement mis à jour des outillages et instrumentations ;
- ➤ Faire réparer les instruments défaillants.

III.4.2.16. la documentation :

La documentation de la maintenance est un outil dont le personnel doit se servir constamment dans ses nombreuses taches.

Les recommandations :

Afin d'atteindre l'état visé par le service, nous proposons les recommandations suivantes :

- ➤ Posséder une documentation complète et bien structurée :
  - o Préserver la documentation en responsabilisant les agents de la section ;
  - o Etablir un inventaire bien structuré :
    - ▪ Les documents techniques ;
    - ▪ Les plans ;
    - ▪ Les catalogues.

- ➤ Faciliter l'accessibilité :
  - o Choisir un classement convenable :
    - ▪ Découpage de l'unité de production ;
    - ▪ Type de matériel.

III.4.2.17. les pièces de rechange :

La maintenance de tout équipement nécessite généralement le remplacement des éléments de durées de vie inférieures à celle de l'équipement considéré comme tel.

Les recommandations :

Ayant le souci de perfectionner son service, le chef du service Maintenance doit avoir la hantise de bien maintenir de la façon la plus économique. C'est une équation économique qu'il lui faudra résoudre : éliminer les arrêts de production tout en minimisant au mieux la consommation en pièces de rechange.

Au terme de ce chapitre, nous revenons sur l'efficacité de l'audit maintenance pour faire rejaillir des recommandations susceptibles d'améliorer la fonction maintenance du service Maintenance Mécanique du Laminoir et aussi sur la nécessité de le refaire chaque six mois pour un bon contrôle du service. Encore faut-il penser à une informatisation plus performante et complète de la gestion des données relatives au service, ce qui nécessite de porter soin à la remontée des informations de l'atelier.

CHAPITRE 4

Implantation de la maintenance conditionnelle

Après une étude critique de la fonction maintenance au sein des ateliers du laminoir montrant la nécessité de migrer de la maintenance systématique vers la maintenance conditionnelle. Ce chapitre fera l'objet d'une étude d'implantation de la maintenance conditionnelle.

L'étude portera sur 5 axes :

- Faire une comparaison technologique entre la maintenance systématique et la maintenance conditionnelle. Ceci nous permettra de justifier encore plus le choix de la migration.
- Chiffrer le gain apporté par cette migration ;
    o Amélioration du cout de la maintenance.
- Solution à mettre en œuvre pour la réussite de cette stratégie (méthodologie et mise en œuvre)
- Amortissement du projet
- Projection futur ;
    o De Combien réduira-t-on les temps d'arrêts Mécanique ?

IV.1.Etude comparative entre les deux types de maintenance :

On entamera dans cette partie une comparaison entre les deux types de maintenance, à savoir une comparaison Avantage/Avantage et Inconvénients/Inconvénients entre la maintenance systématique et la maintenance conditionnelle.

La maintenance préventive systématique est basée sur les données statistiques machine arrêtée.
Ex. :
➢ Changer un roulement après X heures de fonctionnement ;
➢ Changer l'huile après X heures de fonctionnement.

La maintenance préventive conditionnelle est basée sur des données déterministes machine en marche.
Ex. :
➢ Changer un roulement après une analyse vibratoire ;
➢ Changer l'huile après une analyse d'huile.

Etude de Cas : Changement de roulement :

Avec l'analyse vibratoire :

➢ On ne casse jamais de roulement si les mesures sont faites de façon régulière, chaque mois par exemple.

➢ Les couts de possession et de gestion des stocks de roulement sont réduits, car, avec un suivi régulier, pour les gros roulements, on ne déclenche l'achat que lorsqu'on se trouve dans la zone d'alarme, le nouveau roulement arrive à temps pour être monté.

➢ Les changements de roulements sont programmés à l'avance, se font soit sur arrêt programmé soit en temps masqué.
Avec la maintenance systématique, rien n'est maitrisé.

Limites Conditionnelle / Systématique

Le tableau 16 présente une comparaison entre les avantages de la maintenance conditionnelle et la maintenance systématique.

<u>Tableau 16</u> **Avantages Conditionnelle / Systématique**

Maintenance Conditionnelle	Maintenance Systématique
Augmenter la longévité du matériel	Facile à gérer, les périodes d'intervention étant fixes
Un contrôle du matériel mieux géré	Permet d'éviter les détériorations graves
Un cout des réparations mois élevé	Diminue les risques d'avarie imprévue
Une amélioration de la productivité de l'entreprise (réduction du nombre d'arrêts)	
Diminution des stocks de production	
Limitation des pièces de rechange	
Amélioration de la sécurité	
Une meilleure crédibilité du service entretien (la nécessité des réparations est moins subjective)	
Une plus grande motivation du personnel maintenance	
Une image de marque de l'entreprise rehaussée	
Une meilleure condition d'assurance.	

Le tableau 17 présente une comparaison entre les limites de la maintenance conditionnelle et la maintenance systématique.

Tableau 17   **Limites Conditionnelle / Systématique**

Maintenance Conditionnelle	Maintenance Systématique
Une maintenance Généralement réservée aux équipements dont l'évolution des défauts est facilement détectable et mesurable	Diminue le temps moyen de bon fonctionnement
N'est rentable que lorsque les avantages de cette maintenance sont supérieurs aux couts de la maintenance systématique ou corrective	

IV.2.Gain apporté par la migration vers la maintenance conditionnelle :

On justifiera dans cette partie la nécessité de migrer vers la maintenance conditionnelle en effectuant une étude économique sur l'ensemble de l'opération.

En effet, la maintenance conditionnelle ne devient rentable que si le cout de défaillance évité par cette implantation est supérieur au cout générée par l'intervention préventive.

Coût défaillance > Coût intervention préventive

Dans notre cas, pour l'année 2011, on a :
- ➢ Cout de défaillance : **9 735 350 DH.**
- ➢ Cout des interventions préventives : **3 718 659.6 DH**.

IV.3.Méthodologie de la mise en œuvre :

La méthodologie est proposée en **10** étapes successives qui permettent de poser le problème de la maintenance conditionnelle à partir d'une défaillance à prévenir avant de choisir les matériels nécessaires, d'organiser la surveillance et préparer l'intervention préventive conditionnelle.

IV.3.1.Sélection des défaillances à prévenir :

IV.3.1.1. Introduction :

On entamera dans cette partie une étude des modes de défaillance, après une généralité sur l'outil d'analyse PARETO, on l'appliquera sur toutes les équipements du train laminage afin de déterminer les équipements névralgiques, enfin on utilisera la méthode d'analyse de fiabilité AMDEC pour estimer les risques liés à l'apparition de ces défaillances.

IV.3.1.2. Détermination des équipements névralgiques :

- **Présentation de la méthode ABC :**

Le diagramme de Pareto est également appelé méthode « ABC » ou règle des 80/20. Il est le résultat des recherches de l'économiste italien Vilfredo Frédérico Damaso surnommé par ses étudiants : « Marquis de Pareto ». Il observa au début du XXème siècle, que 20% des voies ferrées occupent 80% du trafic (d'où le nom de la loi 80-20 ou 20-80), donc nécessité de s'intéresser qu'aux voies qui sont les plus rentables pour l'entreprise.

Le diagramme de Pareto est un graphique à colonnes qui présente les informations par ordre décroissant et fait ainsi ressortir le ou les éléments les plus importants qui expliquent un phénomène ou une situation. Autrement dit, le diagramme de Pareto fait apparaître les causes les plus importantes qui sont à l'origine du plus grand nombre d'effets.

La popularité du diagramme de Pareto provient d'une part parce que de nombreux phénomènes observés obéissent à la loi 20/80, et que d'autre part si 20% des causes produisent 80% des effets, il suffit de travailler sur ces 20% là pour influencer fortement le phénomène. En ce sens, la loi de Pareto est un outil efficace de prise de décision.

Comment utiliser le diagramme de Pareto ?

Le diagramme de Pareto est élaboré en plusieurs étapes :

1. Déterminer le problème à résoudre.
2. Faire une collecte des données ou utiliser des données déjà existantes.
3. Classer les données en catégories et prévoir une catégorie « Divers » pour les catégories à peu d'éléments.
4. Faire le total des données de chaque catégorie et déterminer les pourcentages par rapport au total.

5. Classer ces pourcentages par valeur décroissante, la catégorie « Divers » est toujours en dernier rang.
6. Calculer le pourcentage cumulé.
7. Déterminer une échelle adaptée pour tracer le graphique.
8. Placer les colonnes (les barres) sur le graphique, en commençant par la plus grande à gauche.
9. Lorsque les barres y sont toutes, tracer la courbe des pourcentages cumulés.
10. Distinguer trois classes A, B et C

Cette analyse met en évidence, que pour les éléments de la zone A, une résolution très efficace et immédiate s'impose. Ce sont les équipements à traiter en priorité et auxquels il faut accorder le plus d'importance dans le choix de l'attribution d'une solution.

- **Application de la méthode ABC :**

Les résultats de l'analyse des arrêts par la méthode ABC sont détaillés dans le tableau18.

Tableau 18 résultats de l'analyse des arrêts par méthode ABC

Machine	Durée (min)	%Durée (min)	%Cumule Durée
Cage 18	3934,90	52,87%	52,87%
Cage 13	926,50	12,45%	65,32%
Cage 16	396,46	5,33%	70,65%
Cage 6	395,00	5,31%	75,96%
Cage 14	291,75	3,92%	79,88%
Cage 8	257,00	3,45%	83,33%
Cage 17	256,96	3,45%	86,78%
Cage 4	144,00	1,93%	88,72%
Cage 12	128,00	1,72%	90,44%
Cage 15	117,80	1,58%	92,02%
Boucleur 7	76,00	1,02%	93,04%
Cage 7	74,00	0,99%	94,03%
Cage 11	65,00	0,87%	94,91%
Boucleur 5	62,00	0,83%	95,74%
Boucleur 6	58,00	0,78%	96,52%
Cage 10	50,50	0,68%	97,20%
Cage 3	42,00	0,56%	97,76%
Cage 9	41,00	0,55%	98,31%
Boucleur 2	33,50	0,45%	98,76%
Cage 1	33,00	0,44%	99,21%
Cage 2	27,00	0,36%	99,57%
Boucleur 3	17,00	0,23%	99,80%
Cage 5	15,00	0,20%	100,00%
Total	7442,37	100,00%	

D'après les données du tableau, on trace le diagramme PARETO en représentant les durées d'interventions et le pourcentage cumulé, le résultat obtenu est représenté dans la figure34 :

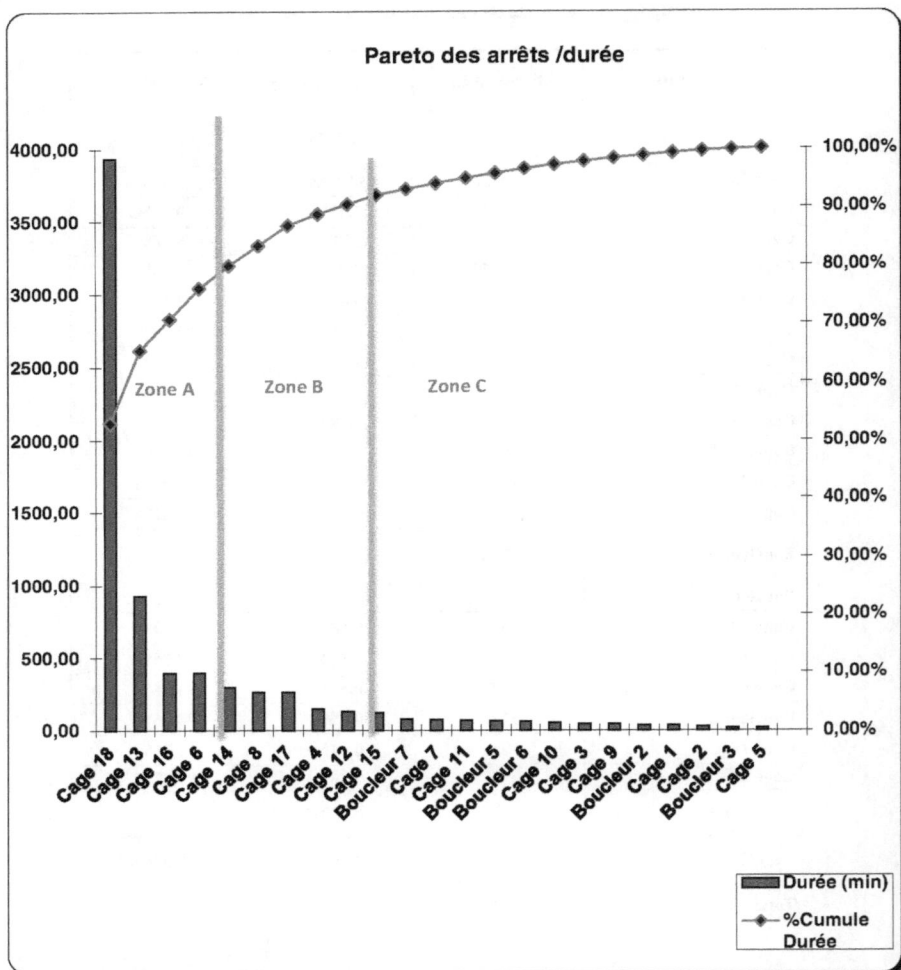

Figure 34 diagramme PARETO

Commentaires :

D'après le diagramme on distingue les trois zones A, B et C :

Zone A :
Cette zone englobe les cages 18 , 16 ,13 et 6 qui présentent 80% des interventions annuelles.

Zone B :
Les éléments de cette zone représentent 10 % des interventions.
Les éléments de cette zone sont les cages 14, 8, 17,4 et 12.

Zone C :
Cette zone englobe le reste des équipements et représentent 10% des interventions.

Conclusion :

D'après l'étude PARETO on peut déterminer les équipements névralgiques, qui sont :

- ✓ La cage 18
- ✓ La cage 16
- ✓ La cage 13
- ✓ La cage 6

La méthode PARETO nous garantit que ces équipements présentent 80% des causes d'intervention, donc nous allons concentrer notre étude sur ces éléments et essayer d'élaborer des plans de maintenance portant sur l'amélioration de la maintenance présente.

Une étude s'impose pour détecter les éléments névralgiques sur lequel notre politique va se baser, nous optons pour l'analyse AMDEC.

- **Principe de la méthode AMDEC :**

➤ **Définition** :

L'AMDEC est la traduction de l'anglais FMECA (Failure Modes, Effects and Criticality Analysis).

C'est une méthode d'analyse prévisionnelle de la fiabilité qui permet de recenser systématiquement les défaillances potentielles d'un dispositif, puis estimer les risques liés à l'apparition de ces défaillances, afin d'engager les actions correctives à apporter au dispositif.

Cette méthode qui repose essentiellement sur la décomposition fonctionnelle de l'équipement étudié en éléments simples jusqu'au niveau des composants les plus élémentaires.

Cela consiste à faire une analyse systématique et exhaustive des défauts possibles de chacun de ces éléments, et de les hiérarchiser par le biais de leur criticité à travers :

- La fréquence d'apparition des défaillances appelée aussi probabilité d'occurrence F.
- La gravité des conséquences ou gravité des effets G.
- La probabilité de non détection D.

La démarche que nous allons suivre est résumée dans la figure 35.

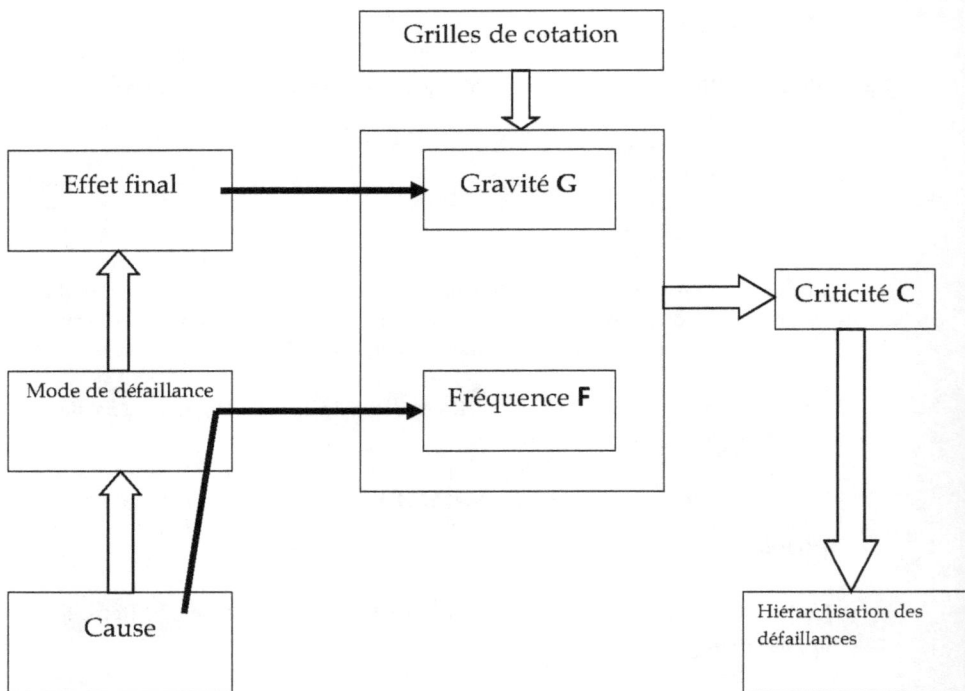

Figure 35 Démarche AMDEC

106

L'**indice de criticité** est calculé pour chaque défaillance, à partir de la combinaison des trois critères précédents, par la multiplication de leurs notes respectives :

$$C = F \times G \times D$$

➢ **Les grilles de cotation :**

Le tableau 19 présente les grilles de cotation (AMDEC)

<u>Tableau 19</u> grilles de cotation (AMDEC)

Valeur de F	Fréquence d'apparition de la défaillance
1	1 défaillance par an
2	1 défaillance par trimestre
3	1défaillance par mois
4	1 défaillance par semaine
Valeur de G	gravité de la défaillance
1	Défaillance mineure ne provoquant qu'un arrêt de production faible et aucune dégradation notable
2	Défaillance moyenne nécessitant une remise en état ou une petite réparation et provoquant (arrêt de production de 1 à 8 heures)
3	Défaillance critique nécessitant un changement du matériel défectueux et provoquant (arrêt de production de 8 à 48 heures)
4	Défaillance très critique nécessitant une grande intervention et provoquant (arrêt de production de 2 à 7 jours)
5	Défaillance catastrophique impliquant des problèmes de sécurité et/ou une production non-conforme et provoquant (arrêt de production supérieur à 7 jours)
Valeur de D	Indice de détection de la défaillance
1	Détection à coup sûr
2	Facilement détectable
3	Détection difficile
4	Détection très difficile, voire impossible.

Application de l'AMDEC :

Après la décomposition de la cage, nous avons tracé le tableau   :

Pour résumer cette analyse nous avons tracé le tableau20 qui récapitule la criticité des éléments.

<u>Tableau 20</u>   Résultat AMDEC Cage

Elément	Criticité
Cage à cartouche	4
Bâti fixe	15
Bâti rotatif	15
Support d'allonge	24
Allonge	18
Cage à pignons	20
Unité de débrayage	9
Unité d'entraînement (Moteur)	4
Table de changement de cage (future)	3

L'analyse de dysfonctionnement et des modes de défaillance, leurs effets et leurs criticités nous a permis de dégager les différents éléments critiques.

Pour mieux visualiser les éléments critiques de la cage nous avons tracé les tableaux AMDEC pour les allonges et les supports d'allonge.

De même nous avons tracé les deux tableaux qui récapitulent la criticité de l'allonge (tableau21) et support d'allonge (tableau22) .

Tableau 21 Résultat AMDEC allonge

Elément	Criticité
Clavette	6
Visseries	8
Vis à tète cylindrique	6
Fourche avec Bride	18
Groupe Croisillon	27
Groupe Femelle	36
Groupe Male	36

Tableau 22 Résultat AMDEC Supports d'allonges

Elément	Criticité
Bâti	40
Dispositif de commande hydraulique	6
Support de Broche	27

Dans notre cas, on a procédé à une étude AMDEC sur les équipements dont la maintenance conditionnelle était déjà justifiée tel que les allonges, supports d'allonges et boucleurs.

Pour les allonges à titre d'exemple, l'étude montre que le **groupe mal**, **groupe femelle** ainsi que **le groupe Croisillon** montrent une criticité plus élevée par rapport aux autres éléments de l'allonge.

IV.3.2.Sélection d'un (ou n) paramètre physique :

Ce paramètre sélectionné devra être :

➤ Observable ou mesurable : toutes les mesures physiques habituelles (dimensions, pressions, débits, intensités, températures, etc.) sont potentiellement des paramètres utilisables ;
➤ Significatif de l'évolution du mode de défaillance à anticiper ;
➤ Interprétable.

Le paramètre sera parfois « direct » tel qu'une usure surveillée par mesure de cote, ou plus souvent « indirect » tel que la surveillance de l'usure par les ppm de particules solides trouvées dans une analyse de lubrifiant.

Dans notre cas, on utilisera les deux types de paramètres. A savoir, ceux directs permettront de contrôler l'usure des cotes mesurées tel que les Glissières des supports d'allonges. Où indirect tel que la surveillance des particules trouvées dans une analyse d'huile ou filtration de l'eau de refroidissement.

IV.3.3.Choix des capteurs :

A chaque nature physique du paramètre sélectionné correspond une panoplie de capteurs qui ont en commun d'évoluer vers la miniaturisation et la fiabilité (ex. : utilisation du cristal piézo-électrique). Les API (automates programmables industriels) permettent d'extraire des informations de toutes natures relatives à « l'état » de l'automatisme.

Notons la conception de capteurs dits « intelligents » capables de ne délivrer que des informations « triées ». Et n'oublions jamais que l'homme est pourvu de cinq sens et d'un cerveau : son remplacement systématique par des technologies de supervision ne se fait pas sans risque.

Dans notre cas, le choix de capteur se fera automatiquement en optant pour le type de contrôle à effectuer.

En général, une analyse complémentaire entre deux types de contrôle améliorera et optimisera la maintenance conditionnelle.

IV.3.4.Choix du mode de collecte des informations :

La collecte peut se faire par ronde (off line), ou par télésurveillance (on line), ou par panachage des deux. Les arguments de choix portent essentiellement sur des critères économiques. Bien sûr, le monitorage est à la mode, mais n'oublions pas les critères humains. Un bruit anormal, le « reniflage » d'une fuite de gaz ou l'observation visuelle d'une fuite liquide par un rondier compétent peut prévenir une catastrophe. Vouloir le remplacer par de l'instrumentation est couteux et présomptueux.

Un autre choix à faire est celui de la fréquence des observations : continues ou périodiques. Le problème est de faire en sorte qu'aucune accélération du processus de dégradation ne puisse passer entre deux observations successives. La connaissance de la nature des phénomènes pathologiques et leur vitesse d'évolution permet de choisir la période entre deux observations.

La prise en compte de l'utilisation d' « outils » de la maintenance conditionnelle dès la conception facilite bien les choses ultérieurement. Par exemple, un simple taraudage bien situé permettra de fixer un accéléromètre donnant des informations vibratoires de qualité, ciblées et donc facilement exploitables. Plutôt que de le coller au seul endroit accessible, qui donnera plein d'interférences et une information impossible à interpréter.

IV.3.5.Détermination des seuils :

IV.3.5.1.seuil d'admissibilité S2

Il sera choisi en fonction de contraintes réglementaires lorsqu'elles existent.

Par exemple, le changement conditionnel du pneu usé d'une voiture. Il est rare que les constructeurs fournissent des préconisations.

La démarche expérimentale est donc souvent utilisée, quitte parfois à « payer » une fois pour savoir.

La prise de référence initiale (signature S_0) est surtout indispensable pour les « images » et les « spectres ». Mais la connaissance de la « normalité » est nécessaire pour toutes les formes d'interprétations différentielles.

Ce seuil est généralement déterminé par le constructeur.

IV.3.5.2.seuil d'alarme S1

Il sera choisi à partir du seuil d'admissibilité, en prenant en compte :

➤ La vitesse de dégradation ;
➤ Le temps de réaction avant l'intervention.
Ce seuil est généralement déterminé par le constructeur.

IV.3.6.Choix du traitement de l'information :

➤ **De la surveillance à l'analyse :**

Le cas le plus simple est celui de la surveillance par un technicien : son observation directe déclenche l'intervention préventive conditionnelle. La génération automatique d'alarme correspondant à un seuil a le même résultat : le surveillant déclenche l'intervention conditionnelle.

Un autre cas peut aussi être envisageable dans le cas où les informations sont collectées par rondes ou centralisées, puis comparées.

➤ **De l'analyse au diagnostic :**

Savoir qu'in roulement va prochainement « lâcher » est mieux que de subir la défaillance de façon fortuite. Mais il est encore mieux de savoir pourquoi il n'a pas tenu. Les analyses de vibrations par bandes de fréquences peuvent répondre à cet objectif de diagnostic d'un défaut. Au prix d'un matériel couteux et d'une compétence demandant une formation spécifique appuyée par une phase d'expérimentation délicate.

IV.3.7.Définition des procédures après alarmes :

Le premier souci sera de penser « sécurité ». Des hommes et des matériels. Pour des cas à risque, une alarme sonore est possible. A partir de l'alarme, la décision première sera : arrêt immédiat ou différé. Remarquons que l'larme peut générer immédiatement l'arrêt.

Dans le cas de la télésurveillance, la rédaction des procédures à appliquer en fonction de la nature des alarmes en particulier, est un travail délicat pour les méthodes maintenance.

De plus, la prise de décision « à distance en doit pas dispenser de collecter un complément d'informations dans son environnement naturel.

IV.3.8.Organisation de l'intervention conditionnelle :

Après vérification sur site de la véracité de l'alarme et de l'existence d'un risque de défaillance imminente, il faut préparer, éventuellement programmer, puis réaliser l'intervention préventive conditionnelle.

Dans notre cas, l'organigramme du déroulement de l'intervention préventive conditionnelle est comme suit (figure36) :

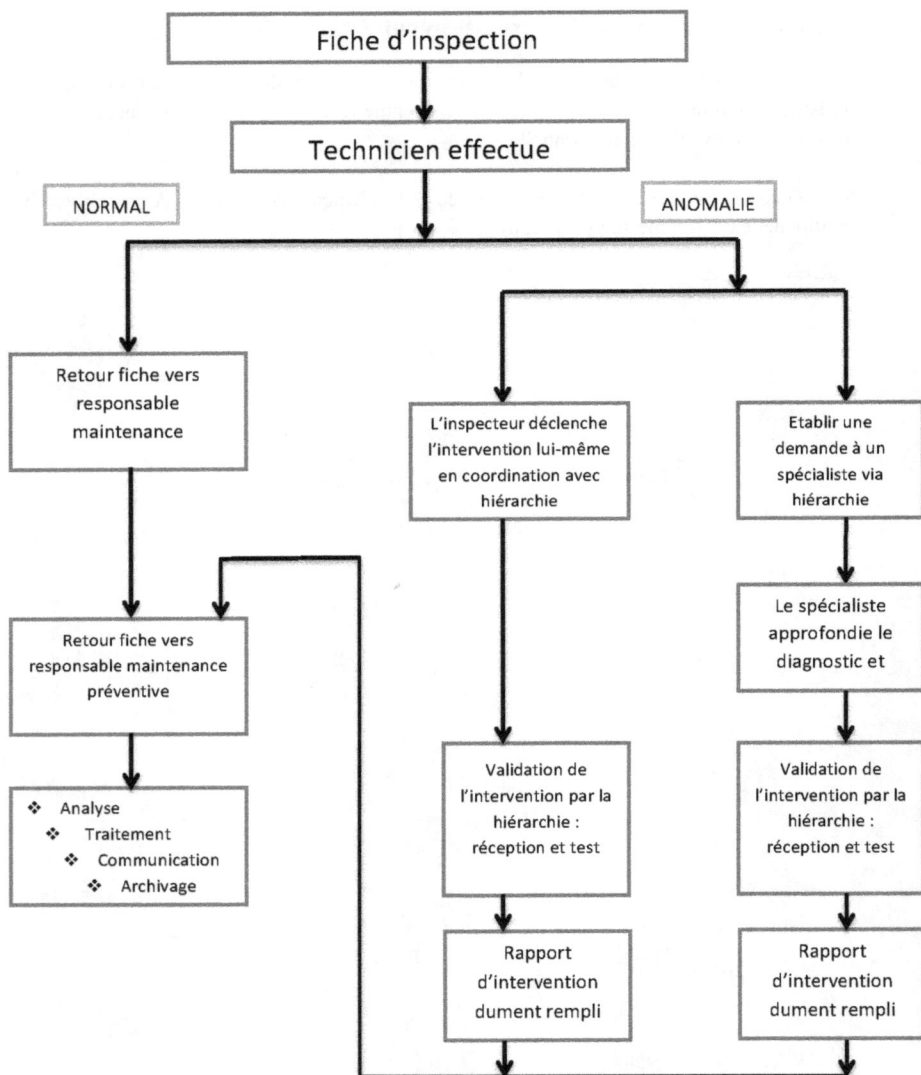

Figure 36 Déroulement de l'intervention préventive conditionnelle

IV.3.9.Bilan d'efficacité et retour d'expérience :

L'un des avantages de la maintenance conditionnelle est de pouvoir vérifier, voire mesurer l'efficacité de l'intervention. En effet, il est possible de comparer les valeurs des paramètres « après » aux valeurs « avant » qui marquaient la normalité (signatures, valeurs de référence). Un « faux diagnostic » peut ainsi être détecté.

L'intervention préventive conditionnelle participe à l'apprentissage du comportement du système. Elle permet souvent d'optimiser les valeurs de seuil et se traite en saisie comme une intervention corrective…que l'on n'a pas eu à payer au prix fort !

IV.3.10.Solution informatique pour le suivi de la maintenance conditionnelle :

On pourra dans la mesure possible accompagner notre implantation par l'installation d'outils et de logiciels informatiques afin de mieux gérer la maintenance conditionnelle.

Plusieurs logiciels commerciaux performants et de haut niveau sont disponibles et peuvent optimiser l'utilisation et la gestion de la maintenance conditionnelle. On pourra par exemple citer « **OneProd XPR** », un logiciel de maintenance prédictive et d'analyse vibratoire. Ce dernier met en avant les points suivant :

➢ Rapidité de configuration : modèles, base roulements, modification et enregistrement
➢ Multi technique : vibration, processus, huile, thermographie
➢ Mesures *On-line* et *Off-line*;
➢ Gestion des conditions de fonctionnement;
➢ Ecran de supervision ;
➢ Diagnostic : extraction automatique d'indicateurs et capteurs de défaut ;
➢ Communication simplifiée ;
➢ Flexibilité : réseau et implantation dans le service, liaison avec SAP,…

IV.4. Amortissement du Projet :

Dans le cadre de la mise en place de la maintenance conditionnelle, nous aurons besoin de nouveaux équipements de contrôle et de détection tels que les vibromètres et les caméras infrarouges. Ces nouveaux investissements dépendent d'une part de la qualité et des types de ces derniers.

Cas 1 :

Le premier cas consiste à installer des capteurs d'accélérations pour mesurer les vitesses ISO ainsi que les vitesses et accélérations à basse et à haute fréquence. Ces capteurs seront placés sur les roulements des allonges et les sorties réducteurs des machines d'entrainements.

On optera en général pour des capteurs Piézo-électriques, ces derniers sont connus par leur taux de performances et de résistances élevés. Ils sont aussi utilisés dans le cas où le milieu est très agressif.

Sur le cas d'une allonge, on placera un capteur dans le groupe croisillon dans la position axial et un autre dans la position radial. Les capteurs seront liés par des câbles résistants à la haute température.

On pourra aussi dans la mesure possible utiliser ces mêmes capteurs avec transmetteurs. Ceci diminuera le taux d'encombrement et aura un effet positif sur la sécurité des équipements et du personnel.

Le budget nécessaire pour la mise en place d'un capteur muni de câbles de connexion est estimé dans l'ordre de **6000 DH** par unité.

Le laminoir contient 18 cages munis de 2 allonges chacune.

Un budget de **432 000 DH** est à estimer pour la mise en place des capteurs.

Pour compléter nos équipements et veiller à leur bon fonctionnement, un logiciel commercial tel « one Prod » est souhaitable. **(100 000 DH)**

Une formation d'un technicien ou d'un opérateur pour assurer le suivi et le diagnostic est aussi nécessaire que complémentaire. **(15 000 DH)**

On estime donc que l'ensemble Capteurs et connexions ainsi qu'un logiciels de traitement de données suivi par un technicien qualifié coutera **547 000 DH**.

Ceci n'inclut que les analyses vibratoires faites sur les allonges. Une étude plus approfondie devra être mené afin de calculer le cout de maintenance des capteurs, les connexions et les mises à niveaux du logiciel selon l'utilisation demandée.

Cas 2 :

Le second cas consiste à se procurer des outils de contrôles CND portatif, ceci permettra entre autres de minimiser les frais relatifs à la maintenance des capteurs et d'améliorer le coté sécurité dans la prise de données et leurs analyses.

On optera donc dans ce cas pour un Vibromètre doté d'un accéléromètre pour le contrôle des valeurs suivantes :

➢ Les vitesses ISO ;
➢ Les accélérations ;

Ces vibromètres sont en général fourni avec un logiciel performant afin d'analyser :

➢ Les spectres de vitesse ;
➢ Les spectres des accélérations.

L'avantage de ces outils est leurs ergonomies par rapport aux outils standards.

Ils permettent aussi dans le cas des analyses de spectres de faire une comparaison non seulement avec les standards fournis par le constructeur, mais aussi de comparer dans l'immédiat les valeurs prises en temps réels avec ceux précédentes afin de détecter l'amélioration ou la détérioration dans le fonctionnement.

On mènera dans la partie suivante une étude économique afin d'étudier le taux d'investissement pour l'obtention de ces outils.

A noter qu'on a fixé nos besoins en outils de contrôle CDN à un Vibromètre et une caméra infrarouge que SONASID dispose déjà.

Etude économique :

A- Définition du projet :

1. Nature du projet : Achat
2. Secteur d'activité : service liés à l'industrie
3. Produits : outils liés aux contrôles non destructifs ;

i. Diagnostics des allonges, supports d'allonges, réducteurs
ii. Etude technique et détection des anomalies
iii. Proposition de solutions et procédés de correction et de maitrise des anomalies.
iv. maintenance
4. capacité de production :
    i. une moyenne de 7 prestations journalières, soit 2555 prestations annuelles ;
    ii. une amélioration dans les prises de contrôles et la précision à partir de la première année.
    iii. Le nombre d'h/j de travail est calculé selon le taux de charge de l'outil ainsi que la demande du service maintenance.
5. Liste des équipements :
    i. Un Vibromètre ;
    ii. Un logiciel de traitement ;
    iii. Un accéléromètre.
6. Emploi et Formation :
    i. Un technicien qualifié et formé dans les prises de valeurs et aux outils de CND

B- Marché :

1. Fournisseurs :
    i. Local : ATEM, FLIR, Elexpert.
    ii. Etranger : SKF.

C- Schéma d'investissement :

Le tableau23 de présente le total des investissements pour le Vibromètre

Tableau 23 **Investissement pour Vibromètre**

Rubrique	Montant (DH)
Vibromètre	200 000 DH
Logiciels	100 000 DH
Capteur (Accéléromètre)	5 000 DH
Formation à l'outil et au logiciel	50 000 DH
Total Investissement	**355 000 DH**

D- Schéma de rentabilité :

On estime que Le retour sur investissement d'une machine utilise un calcul d'amortissement linéaire (tableau 24).

Tableau 24 Plan d'amortissement Linéaire du Vibromètre SKF

Plan d'amortissement Linéaire du **Vibromètre SKF**				
Nombre d'année	10	Taux en %		10.00
Montant	355 000.00			
Mise en service le	01/01/2013			

Dates	Bases	Ammortissement annuel	Amortissement cumulé	Valeur nette
31-déc.-13	355 000.00	35 402.74	35402.74	319 597.26
31-déc.-14	355 000.00	35 500.00	70 902.74	284 097.26
31-déc.-15	355 000.00	35 500.00	106 402.74	248 597.26
31-déc.-16	355 000.00	35 500.00	141 902.74	213 097.26
31-déc.-17	355 000.00	35 500.00	177 402.74	177 597.26
31-déc.-18	355 000.00	35 500.00	212 902.74	142 097.26
31-déc.-19	355 000.00	35 500.00	248 402.74	106 597.26
31-déc.-20	355 000.00	35 500.00	283 902.74	71 097.26
31-déc.-21	355 000.00	35 500.00	319 402.74	35 597.26
31-déc.-22	355 000.00	35 500.00	354 902.74	97.26
31-déc.-23	355 000.00	97.26	355 000.00	-

Comme remarqué, l'amortissement permettra de recouvrir l'ensemble des frais relatifs à notre investissement, et cela dans une périodicité de 10 ans.

Il est aussi à noter que l'amortissement annuel de l'ensemble étudié est inférieur au prix d'une analyse vibratoire sous-traitée par l'entreprise, qui s'élève à **40 130 DH/mois.**

E- Conseils et Recommandations :

1. Une certification à la norme NF EN 473 est souhaitable et complétera la norme ISO 9001 et initiera le personnel formé aux Produit en acier (CCPA), maintenance et fabrication (CIFM). Elle apporte aussi une garantie en termes de respects des exigences et d'une volonté démontrée d'amélioration continue, et en particulier, celle qui touche la satisfaction du client interne.

2. Un suivi des réglementations, législations, référentiels et normes métier, de sécurité notamment la sécurité au travail, environnementales, normes nationales et internationales est à réaliser, afin d'apporter au client interne le support adéquat au moment de la réalisation du projet.

IV.5. Contrôle par thermographie infrarouge (TIR) :

IV.5.1. Définition et principe :

La thermographie infrarouge (TIR) est la science de l'acquisition et de l'analyse d'informations thermiques à l'aide de dispositifs d'imagerie thermique à distance. La norme française « A 09-400 » définis la thermographie infrarouge comme « technique permettant d'obtenir au moyen d'un appareillage approprié l'image thermique d'une scène thermique dans un domaine spectral de l'infrarouge ». la thermographie infrarouge est utilisée dans le domaine de la surveillance conditionnelle de fonctionnement pour optimiser les taches de maintenance sans interrompre le flux de production, et réduire au maximum les couts d'entretien.

IV.5.2. La maintenance économique :

Les programmes de maintenance conditionnelle par TIR permettent de localiser les points chauds bien avant leur évolution vers une situation grave pour l'entreprise. Eviter les arrêts de production, par des programmes de maintenance et de contrôles de qualité, est l'un des objectifs que la thermographie permet d'atteindre très vite.

IV.5.3. Appareil utilisée :

Pour avoir des résultats performants, nous avons utilisé la caméra infrarouge de type « FLIR Systems, ThermaCAM E2 » (figure37) avec une plage de température de 30° à 1500°.

Figure 37 Caméra infrarouge « FLIR »

Pour que la caméra puisse donner une température correspondant à celle du corps visé, on a régler l'émissivité de la caméra dans une plage de [0.6 ; 0.7].

IV.5.4. Exemple de contrôles :

➢ Echauffement du roulement coté arbre, Echauffement du pignon coté cage(figure38) :

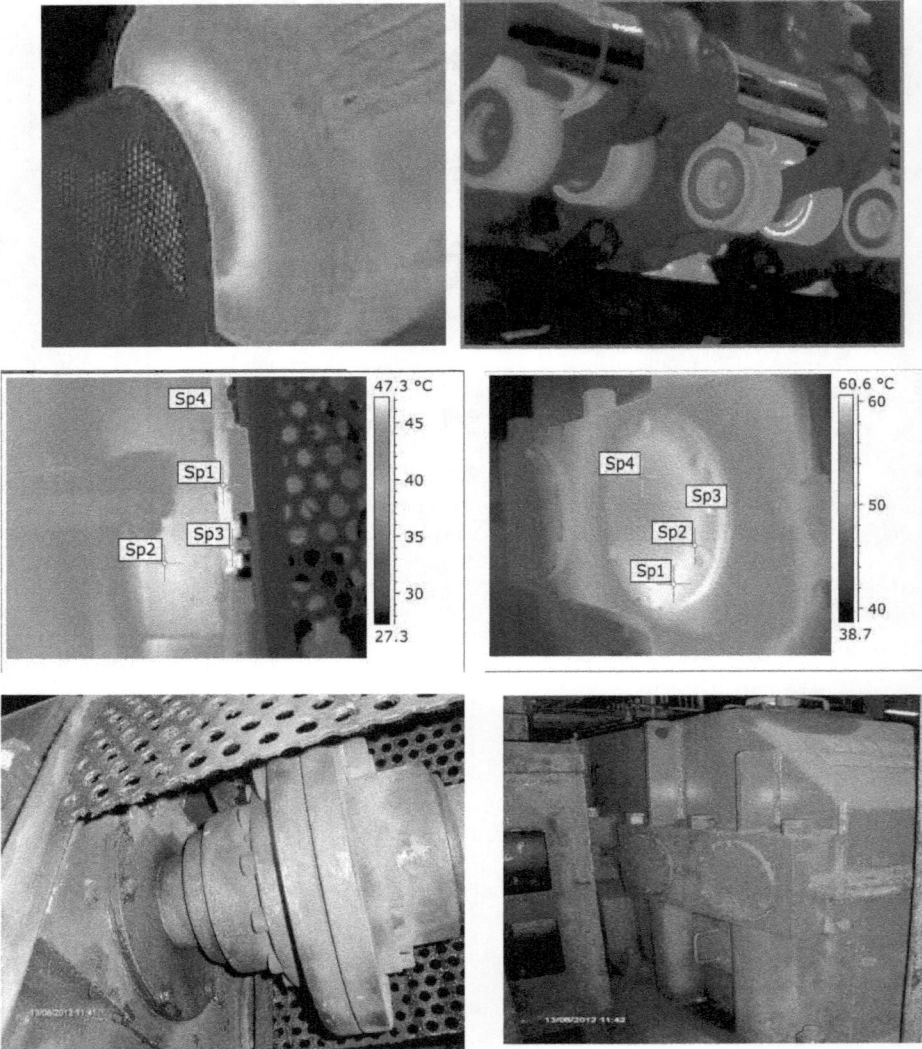

Figure 38 Test TIR sur roulement coté arbre /pignon coté cage

122

➤ Echauffement Roulements coté allonge (figure39) :

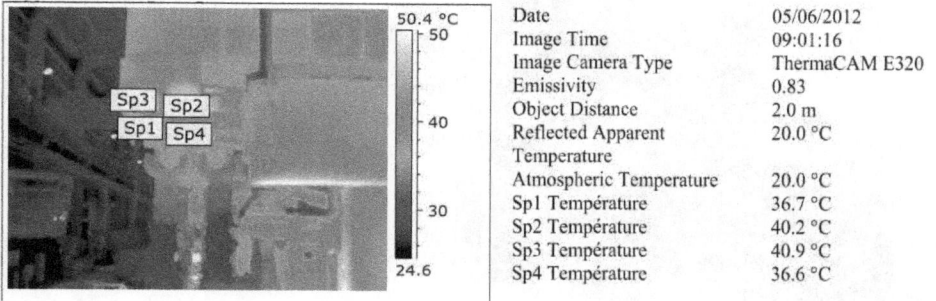

Date	05/06/2012
Image Time	09:01:16
Image Camera Type	ThermaCAM E320
Emissivity	0.83
Object Distance	2.0 m
Reflected Apparent Temperature	20.0 °C
Atmospheric Temperature	20.0 °C
Sp1 Température	36.7 °C
Sp2 Température	40.2 °C
Sp3 Température	40.9 °C
Sp4 Température	36.6 °C

Figure 39 Test TIR sur roulement coté allonge

123

➤ Contrôle du boucleur, coté galet(figure40) :

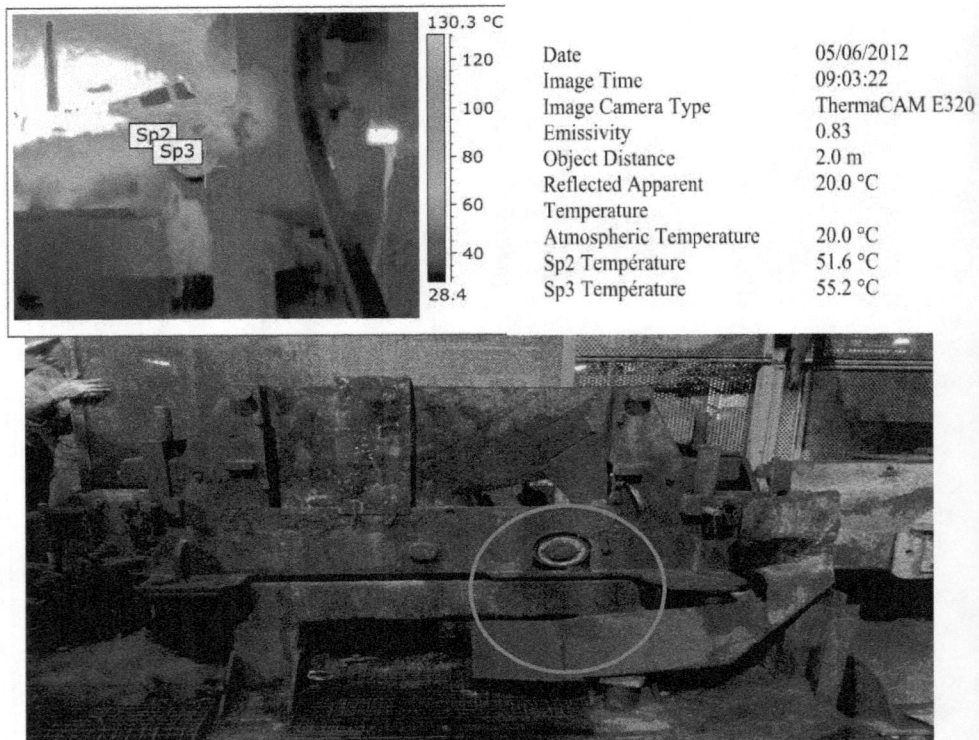

Date	05/06/2012
Image Time	09:03:22
Image Camera Type	ThermaCAM E320
Emissivity	0.83
Object Distance	2.0 m
Reflected Apparent Temperature	20.0 °C
Atmospheric Temperature	20.0 °C
Sp2 Température	51.6 °C
Sp3 Température	55.2 °C

Figure 40 Test TIR sur boucleur coté galet

IV.6.Projection future :

Nous avons vu que la maintenance conditionnelle présentait des atouts importants vis-à-vis des autres types de maintenance :

➤ Réduction des couts de maintenance par l'amélioration de la longévité du matériel, la suppression des travaux urgents et la programmation de l'achat des PDR.
➤ Augmentation de la production par l'augmentation de la disponibilité des machines et par la programmation des interventions en fonction des campagnes de production.
➤ Amélioration de la sécurité par le contrôle périodique des machines.
➤ Réduction du stock de pièces de rechange par l'augmentation de la fiabilité de l'appareil de production.
➤ Crédibilité accrue du service maintenance, meilleure concertation entretien/production.

Dans notre cas, l'implantation de la maintenance conditionnelle au Laminoir et plus précisément sur des équipements dont le taux de défaillance empêche la disponibilité mécanique totale du Laminoir serait un atout précieux pour le service maintenance.

De ce fait, nous estimons que le temps d'arrêt mécanique sera réduit à **75 %**.

Donc, si on tient compte des arrêts mécaniques planifiés dans le cadre de la maintenance préventive systématique en 2011 est de **14008,08 min**, alors on aura **19470,7 T** perdu. Cette perte s'estime de **9 735 350 DH**.

De ce fait, si on tient compte de l'implantation de la maintenance conditionnelle, ce temps sera réduit de 75%, on aura donc perdu **3502.02 min** sur des contrôles imposant l'arrêt de la production. Lors de ces arrêts, on aura pu produire **4867.6 T**. ce qui aurait couté à l'entreprise **2 433 845.5 DH**.

On aura au final gagné **7 301 504.4 DH**.

On pourra résumer cette étude économique dans le tableau 25 :

Tableau 25 étude économique de la migration

	La maintenance systématique	La maintenance conditionnelle
Taux d'arrêt	14008,08 min	3502,02 min
Tonnage perdu	19470,7 T	4867,6 T
Perte du aux arrêts Maintenance	9 735 350 DH	2 433 845,5 DH
Taux de Qualité	99,6 %	99,6 %
Taux de Disponibilité	76 %	95 %
TRG	76.7 %	85 %
TRS	62,63 %	85.15 %
Taux de Fiabilité	84 %	90 %

Calcul du TRS :

Le TRS est un indicateur destiné à suivre le taux d'utilisation de machines.
Il est défini par la formule :

$$TRS = Temps \frac{utile}{employé}$$

Le temps utile étant le temps où la machine produit des pièces bonnes à sa cadence normale (nombre de pièces bonnes * temps de cycle sec de la machine). C'est une mesure de l'efficacité d'une ligne de production.

Le TRS décompose aussi et met en évidence les pertes de production en différentes catégories sur lesquelles un plan d'action est mis en place.

Ainsi, on trouve les trois taux dans le calcul théorique du TRS :

➢ Le taux de disponibilité ;
➢ Le taux de performance ;
➢ Le taux de qualité.

Plus l'indice de TRS est proche de 100 %, meilleure est l'efficacité de la ligne.
Pour notre cas, le calcul théorique du TRS nous donne :

Pour l'année 2011 : **TRS = 63,62 %**.
Pour l'année 2012 : **TRS = 63,02 %**.

CHAPITRE 5

Tableau de bord

V.1. Définition :

Le tableau de bord est un ensemble d'informations traitées et mise en forme de façon à caractériser l'état et l'évolution du service maintenance. *C'est un outil d'aide à la décision.*
Le tableau de bord délivre à la demande des gestionnaires des *indicateurs* :

- Des états chiffrés ou exprimés en %
- Des graphiques d'évolution ou de répartition
- Des ratios

Les indicateurs permettent des comparaisons par référence à des données externes (les autres) ou internes (comparaison à soi-même dans le temps) Ils permettent aussi de mesurer les écarts entre les prévisions et les résultats opérationnels.

V.2. Solution Proposée :

Pour un meilleur suivi des indicateurs de performances nous avons proposé un tableau de bord (tableau26 et figure41):

Tableau 26 Indicateurs de performance Laminoir 2012

Indicateurs de Performances Laminoir 2012

		Janvier	Février	Mars	Avril	Mai	Juin	Juillet	Août	Septen	Octobr	Noven	Décembre
Sécurité	Taux de fréquence des accidents	607,9	607,9	1215,8	3039,5	0	607,9027	0	0	0	0	0	0
Sécurité	Taux de Gravité des accidents	60,79%	0,00%	60,79%	0,00%	0,00%	911,85%	0,00%	0,00%	0,00%	0,00%	0,00%	0,00%
Production	Diamètre	8	10	12	14	16	20	25	32	0	0	0	0
Production	Tonnage Horaire	54,575	80,323	88,644	88,99	90,109	83,50766	94,26	91,96	0	0	0	0
Production	Production réalisé (T)	48349	36857	37859	37223	8785,1	0	0	0	0	0	0	0
Production	Production "Objectif"	45400	36700	38700	37500	9000	0	0	0	0	0	0	0
Disponibilité	Durée Arrets (h)	29,35	42,14	23,50	26,02	0,00	0,00	0,00	0,00	0,00	0,00	0,00	0,00
Disponibilité	Fréquence Arrets	118	145	88	82	0	0	0	0	0	0	0	0
Disponibilité	MTTR (h)	0,25	0,29	0,27	0,32	0,00	0,00	0,00	0,00	0,00	0,00	0,00	0,00
Disponibilité	MTBF (h)	4,61	2,88	4,76	5,09	0,00	0,00	0,00	0,00	0,00	0,00	0,00	0,00
Disponibilité	Taux Disponibilité (%)	77,77%	75,93%	80,34%	76,06%	82,34%	0,00%	0,00%	0,00%	0,00%	0,00%	0,00%	0,00%
Disponibilité	Tonnage Perdu (T)	2447,7	3514,5	1959,9	2169,7	0	0	0	0	0	0	0	0
Performance	Taux Qualité (%)	99,63	99,63	99,63	99,63	99,63	99,63	99,63	99,63	99,63	99,63	99,63	99,63
Performance	Taux Fiabilité (%)	83,99	83,99	83,99	83,99	83,99	83,99	83,99	83,99	83,99	83,99	83,99	83,99
Taux de Rendements	TRS (%)	63,65	63,65	63,65	63,65	63,65	63,65	63,65	63,65	63,65	63,65	63,65	63,65
Taux de Rendements	TRG (%)	97,00	97,00	97,00	97,00	97,00	97,00	97,00	97,00	97,00	97,00	97,00	97,00
Réalisation	Taux Réalisation BTC (%)	80	83	86	89	92	95	0	0	0	0	0	0
Réalisation	Taux Réalisation BTPS (%)	85	89	93	97	99	98	0	0	0	0	0	0
Réalisation	Taux Réalisation BTPC (%)	90	92	94	96	98	100	0	0	0	0	0	0

CONCLUSION

Au long de ce projet de fin d'études, nous étions amenées à étudier avant tout la faisabilité et la possibilité de migration vers la maintenance systématique conditionnelle au sein du service mécanique du laminoir. Cette étude a consisté en une optimisation de l'organisation de l'atelier mécanique dans un premier lieu, suivi par un audit de maintenance assez complet pour contourner tous les aspects de la maintenance. Enfin, une étude d'implantation de la maintenance conditionnelle au sein du service complémenté par une étude technico-économique du projet.

Ainsi, nous sommes parvenus à faire rejaillir les différents domaines où des améliorations sont à engager, puis à établir un plan d'action qui définit les orientations et la politique à adopter.

Cependant, quoique l'on fasse, il restera toujours des défaillances résiduelles et il est préférable de concevoir pour ce fait la maintenance corrective non pas comme un échec de la maintenance préventive mais comme un type d'intervention complémentaire.

Aussi, le responsable de maintenance doit choisir la maintenance préventive qu'il effectuera et, autant que possible, la part qu'il laissera à la maintenance corrective.

Pour améliorer le contrôle de la fonction maintenance, nous avons réalisé un tableau de bord pour l'analyse et la synthèse des informations qui, outre son intérêt dans la gestion informatique du service, familiarisera le personnel avec les outils d'analyses, de qualité et de prise de décision. Le tableau de bord contient une partie d'analyse et de suivi des indicateurs de performance propre au service, une deuxième partie contenant les gammes de maintenance pour les équipements concernés et finalement, une troisième partie contenant des fiches suiveuses pour assurer le suivi et la gestion de PDR au sein du service maintenance.

Bibliographie

- **Le management de la maintenance**
  Francis Boucly et Arnold Ogus
  AFNOR Gestion – 1997
- **Audit de la Maintenance**
  Yves Lavina
  Les éditions d'organisation – 1992
- **Documents d'Exploitation de la Maintenance**
  Guide de l'utilisateur
  Edition AFNOR – 2000
- **Cours CND et TIR**
  M. El ghorba
  Thermographie Infrarouge
  ENSEM, 2012
- **Documents d'Exploitation des Equipements**
  MAINA
  www.maina.it
  documentation technique pour allonge
- **Bibliothèque SONASID**
  documentation technique pour Cages et Boucleurs

www.ingramcontent.com/pod-product-compliance
Lightning Source LLC
Chambersburg PA
CBHW021105210326
41598CB00016B/1343